北非石油地质及资源评价
油气概论

陈忠民　张光亚　编著

石油工业出版社

内容提要

本书主要介绍了常规油气资源评价方法，从北非油气区区域地质入手，系统总结了北非油气区盆地类型及构造沉积演化，以及基本石油地质特征，并对北非油气资源进行了概述，指出了北非油气区的勘探潜力与方向。

本书可供从事海外油气勘探开发的科研人员、管理人员及相关专业院校师生参考使用。

图书在版编目（CIP）数据

北非石油地质及资源评价．油气概论 / 陈忠民，张光亚编著．-- 北京：石油工业出版社，2024.6

ISBN 978-7-5183-5533-4

Ⅰ．①北… Ⅱ．①陈… ②张… Ⅲ．①石油天然气地质－北非 ②石油资源－资源评价－北非 Ⅳ．①P618.130.2 ②TE155

中国版本图书馆 CIP 数据核字（2022）第 145532 号

审图号：GS 京（2024）1192 号

出版发行：石油工业出版社有限公司

（北京安定门外安华里 2 区 1 号　100011）

网　址：www. petropub. com

编辑部：(010)64251539　图书营销中心：(010)64523633

经　销：全国新华书店

印　刷：北京中石油彩色印刷有限责任公司

2024 年 6 月第 1 版　2024 年 6 月第 1 次印刷

787×1092 毫米　开本：1/16　印张：8.5

字数：214 千字

定价：88.00 元

（如出现印装质量问题，我社图书营销中心负责调换）

前　言

北非的地理位置十分重要，其北隔地中海与欧洲相望，西邻大西洋，东部通过红海与中东地区相邻。北非是世界级富油气区，已探明储量占全球探明储量的4%、占非洲探明储量的48%。历经百余年的勘探，北非成为非洲勘探开发程度最高的地区，尽管如此，通过笔者近十年对北非地区的油气资源评价，认为北非仍然有巨大的勘探潜力并且仍然是非洲勘探热点之一，具有良好的油气合作机会。加之“一带一路”倡议所带来的机遇，积极投资北非油气合作项目的机会难得。因此，总结北非地区石油地质特征和油气资源评价，提供油气合作的有利区和方向，是本书编写的初衷和目的。

北非地区是非洲油气勘探和现代石油工业的发祥地。公元前450年左右，古希腊历史学家、“历史学之父”希罗多德在《历史》一书中详细记录了迦太基（现今北非突尼斯）和希腊扎金索斯岛使用油苗的情况。非洲现代油气勘探始于19世纪晚期的埃及苏伊士湾盆地和北非阿特拉斯山脉地区，这些地区油苗发育。1886年，非洲第一口探井Gemsa D1井在埃及钻探，1907年取得非洲第一个油气发现——Gemsa油田，并于1911年开始了非洲现代石油的生产。

北非地区油气勘探主要经历了六个阶段：（1）早期勘探阶段（19世纪晚期—1945年），以围绕油苗为主的勘探，取得少量发现。1910年，阿尔及利亚在阿特拉斯造山带切里夫盆地发现第一个油田Ain Zeft油田。1919年，摩洛哥在拉尔勃盆地发现Tselft油田。（2）大发现前期阶段（1946—1952年）。1949年，突尼斯在佩拉杰盆地获得第一个油气发现Cap Bon气田。（3）大发现阶段（1952—1956年），采用了地震勘探技术，开始向撒哈拉沙漠进军，取得一系列的油气大发现，发现了非洲目前为止最大的油田和最大的气田，即Hassi Messaoud油田、Hassi R'Mel气田。（4）繁荣阶段（1957—1964年），在北非各盆地全面铺开油气勘探，取得了更多的油气发现。需要强调的是，繁荣阶段阿尔及利亚发动了独立战争（1954—1962年）并最终获得独立。1957年，利比亚在穆祖克盆地获得第一个油气发现Atshan油气田。（5）后繁荣阶段（1965—1985年），该阶段取得的油气发现较前一阶段有所减弱，但仍然取得不少发现。(6)振兴阶段(1986 年至今),该阶段北非西部虽然也取得不少油气发现,但受勘探程度限制,发现规模普遍较小。振兴阶段主要在北非东部地中海海域取得 Zohr 气田等一系列重大发现,掀起了新一轮的勘探热潮。

非洲板块历经 38 亿年的地质演化,形成了克拉通、裂谷、褶皱带和被动大陆边缘等构造类型,经历了六个构造演化阶段:(1)1000Ma 前泛非期罗迪尼亚超大陆形成;(2)560—490Ma 泛非期冈瓦纳大陆形成;(3)早古生代加里东期冈瓦纳大陆演化;(4)晚古生代海西期冈瓦纳与劳亚大陆拼合形成潘基亚超大陆;(5)中生代潘基亚超大陆解体;(6)新生代发生大陆板块漂移、裂谷和挤压褶皱。其中,北非地区以完整的冈瓦纳(古生代)和特提斯(中—新生代)超级构造旋回及沉积旋回作为其典型特征,形成了众多不同类型的成藏组合及油气藏。本书从盆地角度出发,分析各盆地和成藏组合的构造、沉积地层、烃源岩、储层、盖层及油气圈闭、运移和保存条件,力求系统地总结和剖析北非地区各盆地和成藏组合的构造、沉积演化,分析盆地油气成藏的"生、储、盖、运、圈、保"等石油地质条件,预测油气资源量,回答油气分布规律及其产生原因等问题。

《北非石油地质及资源评价》由《油气概论》《古生代含油气盆地》《中—新生代含油气盆地》三册组成,《油气概论》包括常规油气资源评价概述、北非盆地类型及构造沉积演化概述、北非基本石油地质特征、北非油气资源概述等内容;《古生代含油气盆地》包括三叠—古达米斯、伊利兹、雷甘、蒂米蒙 / 阿赫奈特、穆祖克、廷杜夫、陶丹尼、尤利米丹、库弗腊、沃尔特和上埃及盆地;《中—新生代含油气盆地》包括锡尔特、佩拉杰、吉夫腊、昔兰尼加、阿布加拉迪、北埃及、金迪、迈尔迈里卡、盖塔拉脊、尼罗河三角洲、苏伊士湾和红海盆地。

由于编者水平有限,书中难免存在疏漏和不足之处,敬请广大读者批评改正。

目　　录

第一章　常规油气资源评价概述

本章主要概述了油气资源的评价目标、评价单元、地质评价的内容和资源评价方法，并根据评价单元的勘探程度、资料完善程度，提出了适合不同勘探程度评价单元的资源评价方法。成藏组合为本书采用的最小评价单元。以发现过程法为主、类比法为辅的资源量预测综合方法是北非地区最适合的资源评价方法。本书如没有特别说明，资源评价目标均为常规油气资源。

第一节　油气资源评价概述

一、评价目标

油气资源评价目标是需要评价的客体或对象。本书评价和预测的油气资源目标是原油、天然气和凝析油三类。

盆地油气富集程度主要取决于盆地的基本石油地质条件，不受政治、经济和技术等外在因素的影响。为了客观评价一个盆地的油气富集程度，本书的油气资源评价目标选择了不同层次的（可采）资源量或储量。没有特别说明，本书采用的资源量、储量、剩余储量均为可采资源量或储量。

资源量是在特定时期内所估算的在勘探工作量和勘探技术充分投入的条件下最终可采出的油气总量。

已采出储量是已发现油气田到某个时间节点累计采出的油气量。

剩余储量是到某个时间节点为止已发现但未采出的储量。

待发现（可采）资源量是到某个时间节点为止还未发现，但在该时间节点之后，在勘探工作量以及勘探技术充分投入的情况下能最终发现的可采资源量。

二、评价单元

盆地是油气成藏和赋存的基本单位。针对不同勘探程度的盆地，结合资料等选择适用的评价方法或多种评价方法的综合，依据盆地的整体认识程度，选取适用的最小评价单元。

从油气成藏的角度考虑，油气资源最小评价单元的合理范围是相同或相似地质背景下的远景圈闭或油气藏组合，它们在油气充注、储盖组合、圈闭类型和空间展布等方面具有一致性、连续性，这一最小评价单元与成藏组合概念相一致。因此，本书采用了成藏组合作为盆地油气资源评价的最小评价单元。

对比含油气系统评价，成藏组合评价更重视储层、盖层和圈闭等要素共同组成的油气聚集单元，烃源岩可以是多源的。储层特征与空间展布预测、盖层与断层的封堵性、构造分析与圈闭评价及关键控制因素分析是成藏组合划分评价的主要内容。

不同勘探程度的成藏组合划分不同。低勘探程度的成藏组合以区域盖层为界划分。中、高勘探程度的成藏组合边界由油气聚集单元的边界限定，再由储层单元的沉积或侵蚀边界确定。成藏组合没有绝对的边界，通常是在综合考虑该成藏组合的油气田（可能）分布范围、主要储层的沉积环境和沉积相及上覆直接盖层的分布范围后确定的示意范围。

成藏组合边界划定后，需要评价储层和盖层，其主要内容包括储集体分布、厚度、质量预测、沉积相展布、盖层的时空有效性、封盖连续性和综合封闭能力评价等。

断裂较发育区不仅要评价盖层，还需要评价断层的封堵性，确定断层在油气运移中发挥的作用。

在储层、盖层和断层封堵性评价的基础上，编制主力成藏组合的顶面构造图，确定油气在历史时期的优势运移方向，进而确定有利圈闭。

第二节　油气资源地质评价

一个盆地油气资源量的多少主要取决于该盆地的生、排烃量及成藏条件，无论采用哪种预测方法，都要符合评价单元的成藏条件。地质评价包括盆地地质、含油气系统和成藏组合等三个方面的评价。

一、盆地地质评价

盆地地质评价以盆地石油地质条件的综合研究为主，又称为含油气盆地分析。盆地地质评价的重点是突出与盆地油气形成及分布有重要关系的地质条件的研究。无论何种勘探程度的盆地采用何种评价方法，盆地地质评价是油气资源评价参数确定的首要步骤和重要环节，是确定统计法参数的基础，也是确定类比法类比参数的主要依据，需要研究并且理解充分，因为它直接决定了资源评价的可靠性和潜力。

盆地评价主要是在对大地构造、地层分析与盆地综合分析的基础上，对油气地质参数进行多学科综合研究，从整体上对盆地的含油气性、油气富集过程与分布、资源潜力进行分析。盆地地质评价主要包含以下内容。

1. 构造分析

（1）成因机制和类型：主要从大地构造背景下分析盆地的形成原因，确定盆地演化史的主要盆地类型（原型盆地）。

（2）构造特征：盆地构造单元划分、主要断裂分布、基底特征、主要圈闭类型、剥蚀事件、剥蚀次数、剥蚀厚度。

（3）盆地热史及演化：盆地目前的大地热流值或地温梯度，以及盆地演化过程中伴随的地温梯度的演化史。

2. 烃源岩特征分析

（1）烃源岩研究：确定盆地已知的有效烃源岩、可能的烃源岩、烃源岩的主要类型、地层、时代、岩性、沉积环境。

（2）烃源岩地球化学特征：干酪根类型、有机质丰度（TOC）、烃源岩生烃潜力（S_1+S_2）评价。

（3）烃源岩成烃演化：主要烃源岩的现今 R_o 等值线图、生排烃演化史。

3. 沉积特征分析

（1）地层层序分析：地层综合柱状图，主要地层岩性、沉积环境及层序位置。

（2）地层平面分布：各地层单元的等厚图。

（3）沉积体系研究：各地层沉积环境与沉积相（平面分布）。

（4）储层特征分析：主要储层厚度分布图、储层物性参数。

（5）盖层分析：确定主要的区域盖层，完成重要区域性盖层等厚图、盖层的岩性特征分析、封盖能力综合评价。

（6）储盖组合：主要沉积旋回、储盖组合及其配置关系，成藏组合纵向的划分。

4. 油气成藏条件分析

（1）圈闭类型及有效性：圈闭类型、圈闭的形成时间与烃源岩生排烃的匹配关系。

（2）运移条件：输导体系的类型（砂体、断层、不整合或复合输导体）、运移距离。

（3）保存条件：区域盖层的个数、区域不整合个数及发育程度、构造运动与油气主成藏期的先后关系、油藏后期改造与再分配。

（4）油气藏类型与成藏期次：与圈闭类型相对应，主要成藏时间及期次。

盆地评价阶段，根据前面盆地评价所需要研究的内容主要应完成的关键图件（或参数）包括盆地构造单元划分图、盆地地层柱状图、盆地主要断裂发育图、盆地主要目的层构造图、南北向及东西向剖面图、有效烃源岩厚度图、可能烃源岩的分布、TOC 等值线图、R_o 等值线图、区域盖层分布图、主要产层沉积相图、大地热流值或地温梯度等值线图。受限于资料，如上的关键图件不可能全部完成。

二、含油气系统评价

Magoon、Dow 等将含油气系统定义为一个自然的烃类系统，包括成藏烃源岩和由它所生成的油气，同时又包括油气聚集所必备的地质要素和成藏作用。含油气系统的评价一方面基于盆地评价，另一方面又对成藏组合评价具有一定的指导意义，含油气系统评价包括如下内容。

1. 含油气系统范围的确定

含油气系统范围是一套成熟生油岩的一个生油灶所生成油气的运移和聚集范围，通常具有下列特征：

（1）受油气侧向运移的最大距离控制；

（2）受有效储层分布范围的控制；

（3）区域性大断层对油气侧向运移的遮挡作用也是含油气系统的边界；

（4）区域盖层的边界或超压发育层的边界，但要考虑穿越区域盖层的断层对上下储集体的沟通作用。

2. 含油气系统的命名

命名分两部分构成：一部分为含油气系统的研究程度，分为三个级别，即已知的（！）、可能的（.）和推测的（？）；另一部分是烃源岩—储层的地质名称，也就是含油气系统的地层范围。

3. 含油气系统静态地质要素描述

（1）成熟烃源岩：成熟烃源岩的分布、生烃（油、气）门限时间与深度、生烃高峰的时间与深度、烃源岩在生油窗内持续的时间、生烃强度、排烃强度（如果可能要分析生、排烃强度的时空演化关系）、与该套烃源岩有关的油藏的时空分布（油气源对比）。

（2）储层：出油气层段的岩相、储集微相与展布特征、油气充注期储层的物性及成岩演化。

（3）盖层：区域盖层的性质及平面范围，控制了含油气系统的边界。

（4）圈闭：圈闭的类型及分布。

含油气系统静态地质要素的描述，与盆地地质评价过程一脉相承，通过对生、储、盖层的纵向及横向分析确定含油气系统的个数及范围，重点是确定有效烃源岩生油、生气的关键时刻。

4. 含油气系统动态描述（根据研究程度不同区别对待）

含油气系统描述的重点是对油气成藏动态过程的描述，体现在成藏要素在时空上的组合关系，也就是地质作用及过程的描述。

1）构造作用

构造作用分析包括沉降充填史与埋藏史分析、构造格架分析、剥蚀与不整合分析、古构造史分析、断裂演化及封闭性分析、构造应力场分析。

重点分析构造形成期、断层开启时间与有效烃源岩生烃关键时刻的匹配关系，以及剥蚀及构造运动对于生烃关键时刻之后的破坏作用。

2）油气运移作用

油气运移分析包括油气初次运移、二次运移大规模发生的时间，油气充注时间与构造形成时间的关系，大规模油气二次运移时输导层特征。

输导体系分析包括输导层的类型（砂体、断层、不整合或复合输导体）、砂体分布特征及规律、不整合的地层、岩性配置关系、断层活动时间及与成藏期的配置关系、断层封闭性分析。

3）油气聚集与成藏作用

油气聚集与成藏作用分析包括成烃关键时刻与圈闭形成时间的匹配关系分析和油气成藏事件图。

含油气系统评价应完成含油气系统的综合事件图，其主要反映含油气系统的烃源岩层位、主要地层剖面、主要地层岩性、沉积环境、主要油气产层、主要烃源岩、主要储层、主要盖层、油气运移方式（纵向、侧向）和油气成藏的关键时刻等内容。

通过含油气系统的分析研究，形成的关键图件包括有效烃源岩等值线图、烃源岩TOC分布图、有机质类型分布图、烃源岩成熟度分布特征、生烃强度等值线图、排烃强度等值线图、储层厚度图、主要产层的沉积相图、有利的储层分布图、圈闭类型分布图、构造演化过程及剖面图、主要产层构造等值线图、输导体系分布图、油气运移趋势图、油气运移与圈闭叠合图、油气的成藏事件图、油气系统的平面与剖面图和油气田的分布预测图。

三、成藏组合评价

成藏组合是指在相似地质背景之下的一组远景圈闭或油气藏，它们在油气充注、储盖发育、圈闭结构及生运聚配套方面经历了相似的发展演化。成藏组合的地层限制为一组岩性单元。在盆地分析及含油气系统评价的基础上，开展油气成藏组合的研究与评价。

1. 成藏组合划分

油气成藏组合发育在含油气系统内的运聚单元中，一般被一组岩性、沉积环境相似的岩石单元所构成的地层封隔，从而构成了油气的储集体。也就是说成藏组合要求油气藏或远景圈闭具有共同的储层，同时位于这套储集体之上或侧向的盖层一般变化不大，储层及盖层在某段时间内遭受了共同的构造作用，所形成的圈闭（包括圈闭空间及封盖两个方面）结构相似。这些类型相同、圈闭结构相似的储集体，又同处于油气运聚单元之内的远景圈闭（油气藏），它们的成藏样式或成藏过程也是相似的。

2. 成藏组合命名

作为含油气系统一部分的成藏组合，分享了共同的油气源，研究和评价的重点是储层，其次是圈闭类型。成藏组合的命名多以地层加储层岩性，有时也加圈闭类型。

3. 成藏组合的评价

在盆地分析与含油气系统评价的基础上，开展油气成藏组合的评价。

1）成藏组合的初步划分

油气成藏组合的划分应遵循下述原则：（1）根据盆地或凹陷发育史，划分出层序或超层序；（2）根据储盖组合的岩性和构造特征划分出主要的成藏组合（纵向）；（3）根据各个成藏组合储层和盖层的分布范围，选取两者都存在的区域，在平面上划分出成藏组合的范围（平面）。

2）成藏组合的基本控制因素分析

成藏组合的基本控制因素分析包括：（1）沉积相图编制；（2）储集层系划分与储集相带分析；（3）区域盖层或直接盖层评价，由此推测成藏组合分布的可能示意图；（4）结合（可能的）构造图和成藏组合分布示意图进行综合分析，得到具体成藏组合分布图；（5）对地层残余厚度图、典型构造发育剖面和运移通道进行分析，建立油气运聚模式图；

（6）生、排烃与圈闭形成的配套史分析；（7）油气保存条件分析。

3）推测成藏组合

成藏组合的评价以建立成藏组合的推测模型来决定是否开展对该成藏组合的钻探为主要目的，主要在油气运聚单元内对有无油气充注条件、有利储集岩是否发育、是否存在储盖组合、是否存在可能的圈闭等问题开展分析。

4）证实成藏组合

主要利用地震、钻井、测井以及分析化验资料等开展成藏组合的综合评价，分析成藏组合的油气田规模、油气性质、分布特征、分布规律。

成藏组合评价形成的主要图件有成藏组合类型、成藏组合类型分布图、成藏组合内主要储层分布、成藏组合内主要产层沉积相、储层厚度图、储层孔隙度及分布、储层渗透率及分布、成藏组合的区域盖层、主要产层构造图、各层系地层厚度图、输导体系分析、成藏组合内的主要圈闭类型及分布、成藏组合内有利区评价和可能的成藏组合预测。

除了对盆地的地质情况有详细的了解以外，还要对盆地、成藏组合内的油气藏（田）的发现过程进行系统分析，了解盆地、成藏组合内已知油气田的储量、产量情况。

第三节　油气资源评价方法

在北非含油气盆地的评价过程中，由于盆地本身的勘探程度有所不同，有的盆地研究非常深入而有的盆地可能尚未开展初步评价，或者有些盆地的研究程度相对较高，但由于保密原因，无法拿到该盆地的系统资料。在这样的背景下，不可能采用一种方法来评价不同勘探程度或资料掌握程度的盆地，而应该针对不同盆地分别选择适用的方法进行评价。

评价的结果采用不确定性的表达方式，置信程度由高到低分别由95%、50%、5%和均值（Mean）表示。

一、评价方法

经过百余年的发展，目前主要有四大系列二十余种不同类型的资源评价方法。不同系列的方法体系有着不同的适用范围及优缺点。

1. 类比法

一种由已知区推测未知区的方法，即将预测区与那些油气地质和成藏条件与之相近或相似的刻度（样本）区进行类比，然后计算出预测区的油气资源量。其优点为简单易操作，适用范围广，一般可用于勘探程度较低的盆地、含油气系统、成藏组合及圈闭。缺点为类比区的选择、类比系数及类比区资源量的确定随意性大，结果受人为主观因素影响很大，不够客观。

类比法主要包括两类方法：资源丰度（体积、面积）类比法、基于生产性能的类比法——Forspan法。

2. 成因法

按照石油天然气的成因机理，通过烃源岩生、排烃量的计算，最终估算出油气聚集总量的一种地球化学方法。成因法的优点为：从油气藏形成的地质理论出发，能够较为有效地解决烃源岩生烃量计算问题，盆地模拟方法较为成熟，且有商业化的三维盆地模拟软件。成因法的缺点也很明显：烃源岩的实验模拟计算结果受样品影响较大；对油气的运移、聚集的研究相对薄弱，散失量和聚集量难以准确估算；成因法得到的是地质资源量，没有考虑经济和技术问题。

3. 统计分析法

通过对成熟探区的解剖研究，建立各种因素与已发现油气资源规模之间的统计模型，进而预测出未发现油气资源量的规模。统计分析法的优点为：从已发现的油气田（藏）出发，结合经济因素，通过概率方式表示，使结果更加合理，适用范围较广，相对独立的地质单元均适用。统计分析法的缺点为：仅适用于勘探程度高的地区；对于勘探程度较低地区不适用；基于统计数据，没有考虑油气勘探中的意外事件以及勘探技术上的突破与经济上的影响；统计法基于统计假设，假设具有不确定因素；估算的资源量相对保守。

统计分析法又包括很多具体的方法，如统计趋势预测法（饱和勘探发现率法、时间发现率法、进尺发现率法、老油田潜在储量增长预测法）、油气分布模型法（油田规模序列法、发现过程法）、圈闭加和法、单井储量估算法、油气资源空间分布预测法和区带地质条件评价方法（主观概率分析法、多信息叠合法）。

4. 专家综合法

专家综合法目前受条件限制，不确定因素多，基本很少采用，其优点为适用范围广且简单易行；缺点为人为因素影响太多、主观因素影响太多导致缺乏客观性、结果的可靠性取决于专家的认知程度。

目前，国际上通常采用的方法，如油田规模序列法（Pareto 定律法）、发现过程法（Lee 法）、类比法（主要用于远景区的评价），而较少采用成因法。国内长期采用以成因法为主导的资源量预测方法。近年来，国内开始尝试采用统计分析法开展资源量预测。

二、北非资源评价方法

中、低勘探程度的评价区宜采用成因法和类比法。中、高勘探程度的评价区宜采用统计法。受限于北非油气区的资料情况，本书采用了体积丰度类比法和发现过程法（Lee 法），简述如下。

1. 发现过程法

发现过程法是以已发现油气藏为基础，通过概率统计方法预测评价单元的油气资源量。基本原理是自然界任何一个含油气系统中的所有油气藏规模都服从一个连续的分布，

Arpas 和 Roberts（1958）、Kaufman 等（1975，1977）、Barouch（1977）等先后用于估算待发现的油藏数目和大小。这种模式基于两个假设：（1）油藏的规模分布是对数正态的；（2）发现概率与油藏的大小成正比，并且取样没有置换，也就是说一个油藏只能被发现一次，且更大的油藏趋向于更早被发现。

当发现的资料有效时，可通过规定油藏大小分布的系列，确定油藏大小分布状态。加拿大石油地质调查局的李沛然（Lee）假定这一分布为对数正态分布：

$$f(y/\theta)=\frac{1}{y\sigma\sqrt{2\pi}}\mathrm{e}^{-\frac{(\ln y-\mu)^2}{2\sigma^2}} \tag{1-1}$$

式中 y——油气藏规模；

θ——（μ，σ^2）是被估算的母体参数；

σ^2——油气藏储量分布的方差；

μ——油气藏储量分布的平均值。

如果发现的资料是该远景成藏带的随机取样，或者如果已全部发现，则μ 和σ^2 可以用已发现油藏大小的自然对数的中值及方差来估算。然而实际上勘探发现受诸多因素影响，如勘探技术、钻井工艺及能否获得许可等。另外，勘探家在实际勘探过程中趋向于钻探那些现有资料条件下认为最好或最大的圈闭，但实际可能并不一定是最大的。考虑到这些因素，Bloomfield 等（1979）将勘探效率系数β 间接地引入该模型，此发现模型假设大小为 x_1 的油藏发现概率为

$$\frac{x_1^{\ \beta}}{x_1^{\ \beta}+\cdots+x_N^{\ \beta}} \tag{1-2}$$

β 值度量了油藏大小的比例效果，其范围从 0 到 1 或者是更大。低的β 值表明发现过程接近一个随机过程。这个随机性可能归因于差不多一致的油藏大小或前面提到的部分因素的影响。β 值越高，油藏大小对发现顺序的影响越大（即绝大多数大油藏在勘探早期被发现）。

一般地，当已有 n 个油藏被发现时，Y_1，Y_2，…，Y_n，整个发现过程的概率为

$$P=[(x_1,\cdots,x_n)\,|\,(Y_1,\cdots,Y_n)]=\prod_{j=1}^{n}\frac{x_j^{\beta}}{b_j+Y_{n+1}^{\beta}+\cdots+Y_N^{\beta}} \tag{1-3}$$

$$b_j=x_1^{\beta}+\cdots+x_n^{\beta}$$

式中 P——发现过程概率；

Y_i（i=1，2，…，N）——评价单元中全部（包括未发现的）油藏的储量，10^4t；

x_i（i=1，2，…，n）——已发现的油藏储量，10^4t；

β——勘探效率系数，反映了施工条件和勘探决策等因素的影响。

一个油气藏被第 j 个发现的概率是以下两个概率的乘积：该油气藏在对数正态的油气藏储量分布 f_θ（x_j）中的概率和该油气藏在发现序列中处于第 j 位的概率，因而全部已发现油气藏的联合概率密度函数为

$$L(\theta)=\frac{N}{(N-n)}\prod_{j=1}^{n}f_{\theta}\left(x_{j}\right)\cdot E_{\theta}\left[\prod_{j=1}^{n}\frac{x_{j}^{\beta}}{b_{j}+Y_{n+1}^{\beta}+\cdots+Y_{N}^{\beta}}\right] \tag{1-4}$$

式中，$\frac{N}{(N-n)}$与从 N 个油气藏的母体中不放回地抽取 n 个油气藏的过程有关。

发现过程模型包括两部分，f_{θ}（x_j）是油气藏储量分布，反映的是各种地质因素的影响，而 E_{θ}［ ］项代表了油气藏被发现的情况，L（θ）是发现序列的似然值。

将已发现的油气藏按发现时间排序，构成一个发现序列，设定油气藏数目 N 的范围和 P 的变化范围（0～1.0）及其增量，根据不同的 N 和 β 应用联合概率密度分布 L（θ）公式计算出均值（μ）、方差（σ^2），使得发现过程模型的似然函数为极大，应用 N，μ，σ^2 计算出油气藏序列，把计算出的油气藏序列与实际发现的油气藏序列进行对比，若不匹配，则修改 N，μ，σ^2 三个参数并重复匹配，直到两者匹配为止，由此得到未发现油气藏个数及储量规模，将所有未发现油气藏储量加和，即得到整个区带的预测资源量。

发现过程法简单灵活，输入的资料数据较少，而且仅用均值、方差、个数等几个值就描述了评价区油气田的特征，充分考虑了对评价单元内已有数据的使用，采用了试算理论，并充分考虑了勘探效率等因素对油气藏发现过程的影响，较为科学而合理。

2. 类比法

类比法是地质学中最基本的研究方法，也是石油地质学中传统的油气资源评价方法。地质类比的基础主要是沉积盆地的构造类型、圈闭发展情况、生储盖组合特征、油气运移和保存条件等方面。采用类比法计算资源量最早由 Weeks（1950）提出，评价地区资源量等于该区面积乘以沉积厚度和类比区的资源丰度。多年来，基于面积或体积丰度的类比法已经发展为生油岩体积丰度法、储层体积丰度法、圈闭体积丰度法和断层密度丰度法等。资源量的单参数值计算发展到应用概率统计法的多参数回归概率法，即类比法又可进一步划分为单参数法和多参数法。单参数类比法通过勘探程度较高地区得到的资源量和与之有关的沉积岩分布面积、体积、储层、构造、断层、沉积速度等参数的关系来估算评价地区的油气资源量。单参数类比法估算资源量简单快速，但可靠性较低。多参数类比法在类比过程中同时考虑资源量与多种地质参数之间定量关系来估算评价区的资源量，结果相对可靠一些。

本书主要介绍北非地区采用的面积或体积丰度类比法。

面积丰度类比法的计算公式如下：

$$Q=\sum_{i=1}^{n}\left(S_{i}\cdot K_{i}\cdot a_{i}\right) \tag{1-5}$$

式中 Q——预测区的油气资源量，10^4t；

n——预测区子区的个数；

i——第 i 个子区的序号；

S_i——第 i 个子区的面积，km^2；

K_i——第 i 个子区对应刻度区油气资源丰度，$10^4t/km^2$；

a_i——第 i 个子区与刻度区的类比系数。

体积丰度类比法的计算公式如下：

$$Q=\sum_{i=1}^{n}\left(V_i \cdot q_i \cdot a_i\right) \tag{1-6}$$

式中 Q——预测区的油气资源量，10^4t；

n——预测区子区的个数；

i——第 i 个子区的序号；

V_i——第 i 个子区的沉积岩体积，km^3；

q_i——第 i 个子区对应刻度区的油气资源丰度，$10^4t/km^3$；

a_i——第 i 个子区与刻度区的类比系数。

类比系数的确定如下：

$$a=\frac{\text{评价区地质评价系数}}{\text{类比区地质评价系数}} \tag{1-7}$$

$$a=\frac{\text{评价区地质评价总分}}{\text{类比区地质评价总分}} \tag{1-8}$$

式（1-7）适用于研究程度较高的评价区，式（1-8）适用于研究程度较低、资料少的评价区。

1）类比区的选择

类比区是类比法中为评价区求取资源量计算参数的评价单元，又称刻度区或标准区。类比区要选择与评价区成藏条件相似的，与评价区级次相当的评价单元；还应满足勘探程度高、地质规律认识程度高、油气资源探明程度高的“三高”评价单元，它们将会有大致相同的资源丰度。因此，参考区或类比区的选择是十分重要的，必须在详细的地质研究和剖析的基础上进行。

2）适用范围

类比法适用于低勘探程度的盆地或成藏组合的评价和资源量计算，可用于盆地尺度上的评价，也可用于含油气系统及成藏带（组合）评价。

3）关键参数的确定

（1）类比地质单元和类比参数的选取原则。

评价区（预测区）与类比区（刻度区）对比应包括两个基本条件：

① 一个封闭（独立）的系统，系统内的所有过程都与系统周围的沉积岩独立发生，没有和外界发生流体交换；

② 具有最简单的形式，即能保证该地质体具有最大程度的一致性，并能对其进行深入的研究分析。

区带（成藏组合）不满足第一个条件，盆地不满足第二个条件。但考虑到资料的可获取性，通常情况下类比法应用于低勘探程度地区或盆地，而这些地区（盆地）含油气系统的资料也较为匮乏，因此，可以将盆地作为基本的评价单元，操作性可能更强；在某些资料较多的盆地，可以采用含油气系统作为基本的评价单元。另外以盆地为基本的评价单元，也充分地考虑了生储盖等因素的综合影响，通过类比法的应用，基本上能够得到比较客观的结果。

影响含油气丰度的因素很多，但评价所需的因素不能要求很复杂，在低勘探程度地区一定要易于识别和获取，主要包括：

① 潜在生油岩的质量和成熟度；

② 圈闭的存在及其数量、规模；

③ 储集岩的存在及其质量；

④ 区域盖层的存在及其质量。

（2）评价结果的表达方式。

按照上述的评价思路和方法，所评价盆地的资源类型取决于类比盆地的资源类型，如果类比盆地是用地质资源量进行类比，那么得到的评价盆地的结果也是地质资源量，如果类比盆地是采用的可采资源量，得到评价盆地的结果也应该是可采资源量。如果想要在几个不同的资源类型之间进行转换，就要引入经济技术条件和采收率等相关的参数。

4）类比系数的确定

评价区和类比区都要研究类比参数（条件），即生（油）、储（层）、盖（层）、圈（闭）、保（存）、匹配等成藏条件，以确定地质评价系数（或总分），并比较确定相似程度即类比系数——评价区地质评价系数（或总分）与类比区地质评价系数（或总分）的比值。

总体来讲，两个盆地的类比系数越高，说明这两个盆地的生储盖等条件越具有相似性，如果盆地的沉积岩体积相当，那么它们的生烃量也应该大致相等。

5）主要参数

选择勘探程度高、认识程度高、资源探明率高的地区作为基本类比区，类比区参数需要综合反映油气成藏的整个过程和作用，参数体系分项要尽可能全面，类比区的基础参数见表 1–1。

类比区确定之后，评价区也尽量按照表 1–1 进行填写，没有或不好取得的参数暂时空缺，以后类比打分时不作为对比项出现。

按照资料的可获得程度，制定类比参数分值标准总表，其中总表的参数又可以分为主控参数和非主控参数（表 1–2、表 1–3）。

表 1-1　类比区基本参数表

<table>
<tr><td colspan="2">类比区名称</td><td></td><td rowspan="7">储层条件</td><td>储层体积（km^3）</td><td></td></tr>
<tr><td colspan="2">类比区面积</td><td></td><td>储层砂岩百分比（%）</td><td></td></tr>
<tr><td colspan="2">类比区所属盆地</td><td></td><td>孔隙度（%）</td><td></td></tr>
<tr><td colspan="2">类比区所属盆地类型</td><td></td><td>渗透率（mD）</td><td></td></tr>
<tr><td colspan="2">类比区沉积岩的平均厚度</td><td></td><td>沉积相</td><td></td></tr>
<tr><td colspan="2">类比区沉积岩体积</td><td></td><td>成岩阶段</td><td></td></tr>
<tr><td rowspan="15">烃源岩条件</td><td>烃源岩岩性</td><td></td><td>埋深（m）</td><td></td></tr>
<tr><td>层位</td><td></td><td rowspan="5">盖层条件</td><td>盖层岩性</td><td></td></tr>
<tr><td>烃源岩年代（Ma）</td><td></td><td>盖层厚度（m）</td><td></td></tr>
<tr><td>有效烃源岩厚度（m）</td><td></td><td>盖层面积（km^2）</td><td></td></tr>
<tr><td>有效烃源岩面积（km^2）</td><td></td><td>埋深（m）</td><td></td></tr>
<tr><td>有效烃源岩体积（km^3）</td><td></td><td>生储盖组合数</td><td></td></tr>
<tr><td>总有机碳含量（%）</td><td></td><td rowspan="8">圈闭条件</td><td>主要圈闭类型</td><td></td></tr>
<tr><td>有机质类型</td><td></td><td>已知圈闭个数</td><td></td></tr>
<tr><td>成熟度 R_o</td><td></td><td>预测圈闭个数</td><td></td></tr>
<tr><td>生油强度（$10^4t/km^2$）</td><td></td><td>已知圈闭面积（km^2）</td><td></td></tr>
<tr><td>排油强度（$10^4t/km^2$）</td><td></td><td>已知含油圈闭面积（km^2）</td><td></td></tr>
<tr><td>关键时刻（Ma）</td><td></td><td>已知圈闭含油面积（km^2）</td><td></td></tr>
<tr><td>烃源岩层系的砂岩百分比（%）</td><td></td><td>预测圈闭面积（km^2）</td><td></td></tr>
<tr><td>输导体系类型</td><td></td><td>圈闭形成时间（Ma）</td><td></td></tr>
<tr><td>供烃流线形式</td><td></td><td rowspan="5">保存条件</td><td>区域不整合的个数</td><td></td></tr>
<tr><td rowspan="5">储层条件</td><td>储层岩性</td><td></td><td>盖层被断层破坏的程度（%）</td><td></td></tr>
<tr><td>层位</td><td></td><td>盖层被剥蚀的面积（km^2）</td><td></td></tr>
<tr><td>储层年龄（Ma）</td><td></td><td>主要勘探目的层被剥蚀的面积（km^2）</td><td></td></tr>
<tr><td>储层单层平均厚度</td><td></td><td>单元内地层剥蚀的总厚度（m）</td><td></td></tr>
<tr><td>储层平均累计厚度（m）</td><td></td><td>备注</td><td colspan="2"></td></tr>
</table>

表 1-2　类比主控参数分值标准表

成藏条件	参数名称	分值				权值
		4	3	2	1	
烃源岩条件	有效烃源岩面积 / 盆地面积（%）	＞50	25～50	10～25	＜10	0.125
	有效烃源岩厚度 / 沉积岩厚度（%）	＞30	20～30	10～20	＜10	0.125
	干酪根类型	Ⅰ	Ⅰ—Ⅱ$_1$	Ⅱ$_2$—Ⅲ	Ⅲ	0.1
	总有机碳含量（%）	＞3.0	2.0～3.0	1.0～2.0	0.5～1.0	0.1
	R_o（%）	0.8～1.2	1.2～2.0	0.5～0.8	＞2.0 或＜0.5	0.1
	生烃强度（10^4t/km^2）	＞1000	500～1000	200～500	＜200	0.1
	排烃强度（10^4t/km^2）	＞500	250～500	100～250	＜100	0.1
储层条件	储层厚度百分比（%）	＞60	40～60	20～40	＜20	0.2
	储层面积百分比（%）	＞60	40～60	20～40	＜20	0.2
	储层孔隙度（%）	＞30	20～30	10～20	＜10	0.2
	储层渗透率（mD）	＞600	100～600	10～100	＜10	0.1
圈闭条件	圈闭面积系数（%）	＞20	10～20	5～10	＜5	0.7
保存条件	区域盖层的岩性	膏盐岩、泥膏岩	厚层泥岩	泥岩	脆泥岩、砂质泥岩	0.2
	区域盖层的厚度（m）	＞100	50～100	30～50	＜30	0.1
	区域盖层面积 / 盆地面积（%）	＞80	60～80	40～60	＜40	0.2
	主要勘探目的层被剥蚀面积 / 盆地面积（%）	＜10	10～30	30～50	＞50	0.2
配套条件	圈闭形成期与主要油气运移期的配置关系	早或同时（3.5）		晚（1.5）		0.5

表 1-3　类比非主控参数分值标准表

成藏条件	参数名称	分值				权值
		4	3	2	1	
烃源岩条件	盆地受热史	高温递进	低温递进	高温退火	低温退火	0.05
	烃源岩沉积相（陆相）	半深湖—深湖	半深湖	浅湖—半深湖	浅湖、潟湖及湖沼相	0.05
	烃源岩相（海相）	生物灰岩	礁灰岩	泥灰岩	石灰岩	0.05
	砂岩百分比（沉积旋回数）（%）	30～40	40～60 20～30	60～80	＜20 ＞80	0.05
	烃源岩年代（Ma）	白垩纪—新近纪	三叠纪、侏罗纪	晚古生代	早古生代或更老	0.05

续表

成藏条件	参数名称	分值				权值
		4	3	2	1	
储集条件	沉积相（陆相）	三角洲、沿岸滩坝相	扇三角洲、滨浅湖	重力流、河道	洪积、冲积相	0.1
	沉积相（海相）	生物礁	礁滩、鲕粒滩	白云岩	石灰岩	0.1
	储层埋深（m）	<1000	1000～2000	2000～3000	>3000	0.1
圈闭条件	主要圈闭类型	背斜为主	断背斜、断块	地层	岩性	0.3
保存条件	盖层埋深（泥岩）（m）	3000	2000～3000	1000～2000	>3000 或 <1000	0.1
	区域不整合数	0	1～2	3～4	≥5	0.1
	烃源岩被剥蚀的面积/盆地面积（%）	<10	10～30	30～50	>50	0.1
配套条件	生储盖组合数	>3	3	2	1	0.25
	构造破坏程度	无破坏	轻微破坏	较强破坏	强烈破坏	0.25

三、不同勘探程度的方法

1. 高勘探程度成藏组合

高勘探程度成藏组合是指成藏组合内已发现油气田数量超过 6 个以上的地区，该类地区由于有较多油气藏发现，应该具备较密集的地震测线或测网的覆盖，具有较多钻井、测井、基本石油地质条件，以及油气成藏条件的系统研究，对于烃源岩、储层、盖层、圈闭，以及油气运移聚集条件有较为成熟的认识。高勘探程度成藏组合主要采用基于地质分析的发现过程法，北非地区也采用基于地质分析的发现过程法。

2. 中等勘探程度成藏组合

中等勘探程度成藏组合指成藏组合范围内有 6 个以下商业规模油气藏发现的地区，该类地区由于已有油气藏发现，具有钻井、测井、地震的相关资料，可以采用基于地质分析的类比法确定油藏的规模和大小分布，然后再由油藏规模和油藏大小相乘，计算最终待发现资源量。

3. 低勘探程度成藏组合

低勘探程度成藏组合指成藏组合范围内没有任何商业油气藏发现的地区，该类地区由于没有商业发现，可能有部分地震、钻井、测井资料，但对于油气成藏的基本地质条件的认识程度还不够深入，也没有基于统计分析的样本，因此宜采用基于地质条件的类比法。类比法的关键在于类比区、类比参数及相似系数的选取。考虑到低勘探程度盆地资料的可获取性，同时类比法需要将盆地作为一个整体来考虑生储盖等多方面的因素，因此建议将盆地作为低勘探程度地区基本的评价单元，在评价整个盆地资源潜力的同时，结合地质资料，重点对重要的成藏组合进行勘探潜力分析。

第二章　北非盆地类型及构造沉积演化概述

历经 38 亿年的地质发展历史，非洲板块形成了克拉通、裂谷、褶皱带和被动大陆边缘等四种类型构造单元。北非地区这四种类型的构造单元均有分布，不同构造单元的沉积盆地的构造、沉积史不同，决定了各盆地油气地质方面的差别，从而决定了盆地含油气性的差异。北非地区主要构造单元划分出古生代沉积盆地 13 个、中—新生代沉积盆地 8 个、新生代沉积盆地 3 个。

北非沉积盆地构造沉积演化、油气分布规律明显，自西向东、自南向北依次年轻化。其中，北非地区西部以古生代克拉通坳陷盆地为主，油气分布层位以古生界为主；中北部以中—新生代叠合盆地为主，油气分布层位以中—新生界为主，部分为古生界；东部以新生代沉积盆地为主，油气分布层位以新生界为主。

第一节　盆地类型及分布

由于北非地区的沉积盆地形成于不同地质时期、大地构造背景下，因此，各盆地基底性质、成盆机制、沉积类型、构造特征及含油气性等有很大差别。从形成时代上看，以原型盆地形成期为准，北非地区以古生代和中生代为主。根据勘探工作量的多少划分，北非地区以勘探成熟盆地为主。

北非地区位于非洲板块北缘，主要包括摩洛哥、阿尔及利亚、突尼斯、利比亚和埃及等国，发育了大量古生代沉积盆地、中—新生代裂谷盆地等（图 2-1）。在北非广大区域，前寒武纪和古生代地质特征类似，说明北非显生宙以来经历了相似的地质演化。目前北非油气储量约占世界油气储量的 4%，主要分布在阿尔及利亚、利比亚和埃及，是已经证实的世界级富油气区。

北非地区古生代盆地以克拉通坳陷盆地群为主，其原型盆地为古生代被动陆缘“泛盆”，后受海西挤压抬升构造运动的影响，形成多个构造叠合盆地和隆坳相间的构造格局。中生代以裂谷盆地群为主，新生代以被动陆缘、裂谷盆地为主。

本书将北非地区划分为 24 个沉积盆地，其中古生代沉积盆地 13 个，中—新生代沉积盆地 8 个，新生代沉积盆地 3 个，此外还有阿特拉斯褶皱带上的中—新生代山间盆地群，如切里夫盆地、霍德纳盆地等。具体盆地自西向东如下（图 2-2 至图 2-5）。

（1）古生代沉积盆地：廷杜夫盆地、陶丹尼盆地、沃尔特盆地、尤利米丹盆地、雷甘盆地、蒂米蒙盆地、阿赫奈特盆地、三叠—古达米斯盆地、伊利兹盆地、穆祖克盆地、库弗腊盆地、昔兰尼加盆地、上埃及盆地（或西部沙漠盆地）。

（2）中—新生代沉积盆地：锡尔特盆地、佩拉杰盆地、吉夫腊盆地、金迪盆地、阿布加拉迪盆地、迈尔迈里卡盆地、北埃及盆地、盖塔拉脊盆地。

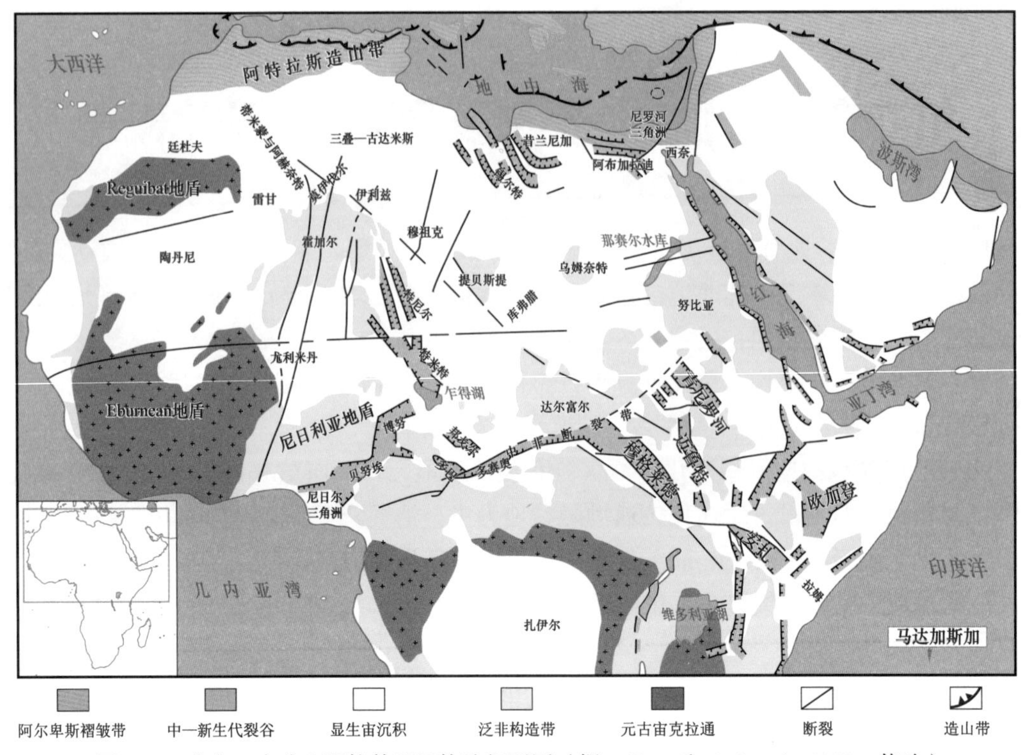

图 2-1　北非、中非和阿拉伯地区构造纲要图（据 Wilson 和 Guiraud，1998，修改）

（3）新生代沉积盆地：尼罗河三角洲盆地、苏伊士湾盆地、红海盆地。

关于北非沉积盆地类型的划分，以其所处的板块构造背景、构造演化、盆地形成机理、沉降机制、充填方式，参考 Allen 等（2005）、陆克政等（2001）、Bally 等（2012）的沉积盆地类型划分方案，将北非主要沉积盆地划分为四大类，即克拉通坳陷盆地、被动大陆边缘盆地、裂谷盆地、造山带相关盆地。

克拉通坳陷盆地：廷杜夫盆地、陶丹尼盆地、沃尔特盆地、尤利米丹盆地、雷甘盆地、蒂米蒙盆地、阿赫奈特盆地、三叠—古达米斯盆地、伊利兹盆地、穆祖克盆地、库弗腊盆地。以古生代沉积为主，比较特殊的是三叠—古达米斯盆地在古生代沉积的基础上沉积了三叠纪及之后的沉积。

裂谷盆地：锡尔特盆地、吉夫腊盆地、金迪盆地、阿布加拉迪盆地、迈尔迈里卡盆地、盖塔拉脊盆地、上埃及盆地、苏伊士湾盆地、红海盆地。以中生代、新生代沉积为主。

被动大陆边缘盆地：佩拉杰盆地、昔兰尼加盆地、尼罗河三角洲盆地、北埃及盆地。以中—新生代沉积为主，发育海相蒸发岩及碳酸盐岩。

造山带相关盆地：切里夫盆地、霍德纳盆地等。以中—新生界碳酸盐岩为主，主要位于北非西北部的阿特拉斯造山带。

一、克拉通

太古宙—前泛非期，非洲地区存在多个克拉通核（图 2-6），这些克拉通核经过泛非期（新元古代，1000—550Ma）克拉通化，逐渐扩大并联合，形成联合大陆；此时，整个非洲可以看作一个大型克拉通。整个古生代，非洲大陆内部构造变动较弱，但由于克拉通

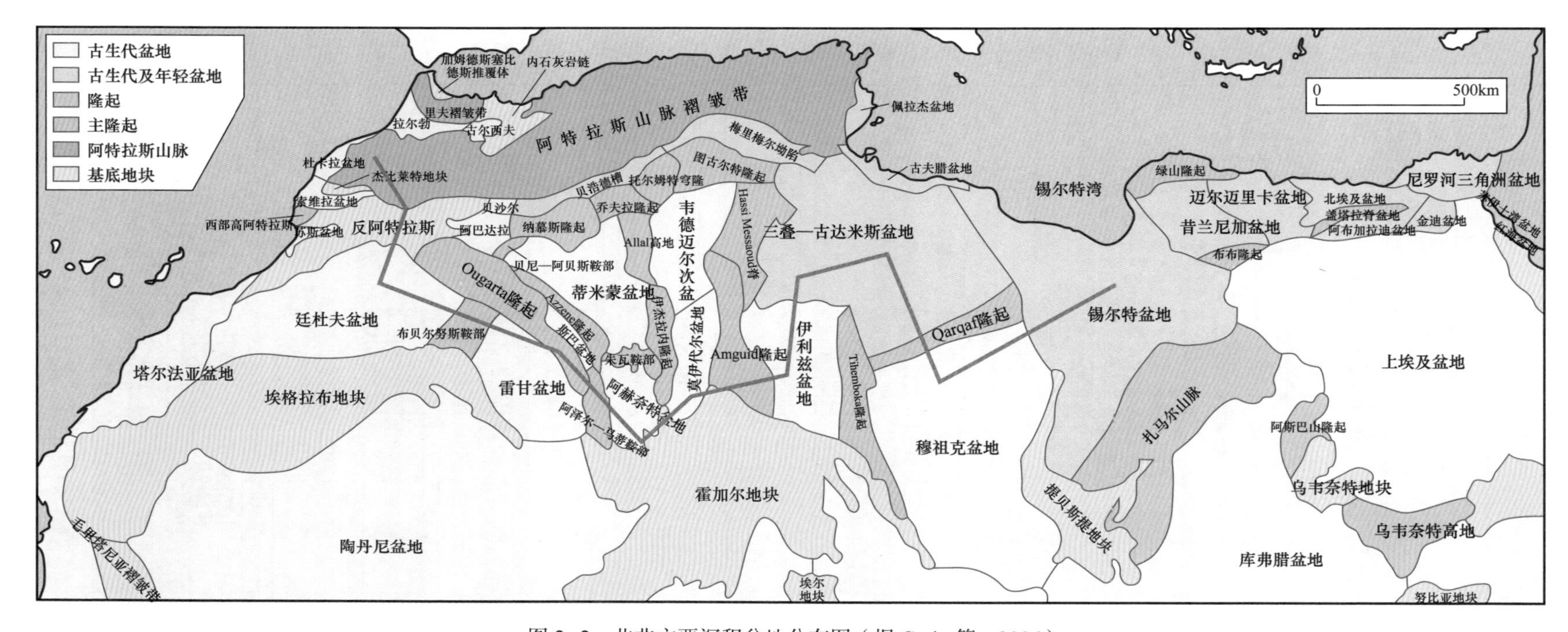

图 2-2　北非主要沉积盆地分布图（据 Craig 等，2006）

图中绿色粗线为剖面，见图 2-3

W

E

深度(m)	摩洛哥西北	高阿特拉斯	安地阿特拉斯—廷杜夫	乌加尔塔—雷甘盆地	霍加尔西北—阿赫奈特盆地	霍加尔中部—莫伊代尔盆地	三叠盆地	霍加尔东—伊利兹盆地	古达米斯盆地	穆祖克盆地	锡尔特盆地	局部构造活动	区域构造活动	构造阶段

新近系、古近系、白垩系、侏罗系、三叠系、二叠系、石炭系、泥盆系、志留系、奥陶系、寒武系、前寒武系

0、100、200、300、400、500、600、700、800、900

局部构造活动：

晚白垩世—古近纪断裂作用

毯状砂岩体反转构造

阿特拉斯盆地和北阿尔及利亚盆地群断裂作用

斯蒂芬期晚期构造

威斯特法期主要反转作用

中—晚石炭世维宪期海侵、脉冲式反转

北摩洛哥逆掩构造

海侵期莫伊代尔、伊利兹和穆祖克盆地断裂作用复活

东阿赫奈特、莫伊代尔盆地断裂作用复活

霍加尔地块北部持续断裂作用和磨拉石盆地主断裂作用

摩洛哥与霍加尔地块、安提阿特拉斯和西非地盾的早磨拉石盆地建造

雷甘盆地的加积堆积柱

霍加尔地块中西部碰撞作用

霍加尔地块东部加积作用

洋底建造和岩浆弧作用

区域构造活动：

晚白垩世—古近纪裂谷

大西洋裂谷漂移转换

华力西造山带及派生裂谷的拉张

欧洲、北美洲华力西运动大陆碰撞

欧洲早华力西构造运动

欧洲、北美洲加里东运动

泛非运动后区域（西欧—北非）砂岩沉积

最后泛非碰撞事件

东非陆核岛弧物质和大陆块体的加积

构造阶段：

阿尔卑斯运动

中生代拉张

海西运动

古生代转换拉伸挤压

早寒武世拉张

○ 油层

● 气层

◐ 油气层

◇ 烃源岩

砂岩

粉砂岩或砂、页岩

页岩

冰川砾层

砾岩

石灰岩

泥灰岩

火山岩和火山碎屑岩

花岗岩侵入

盐岩或蒸发岩

薄皮逆掩断层

厚皮逆掩断层

正断层

图 2-3　北非主要沉积盆地构造—地层对比简图（据 Craig 等，2006）

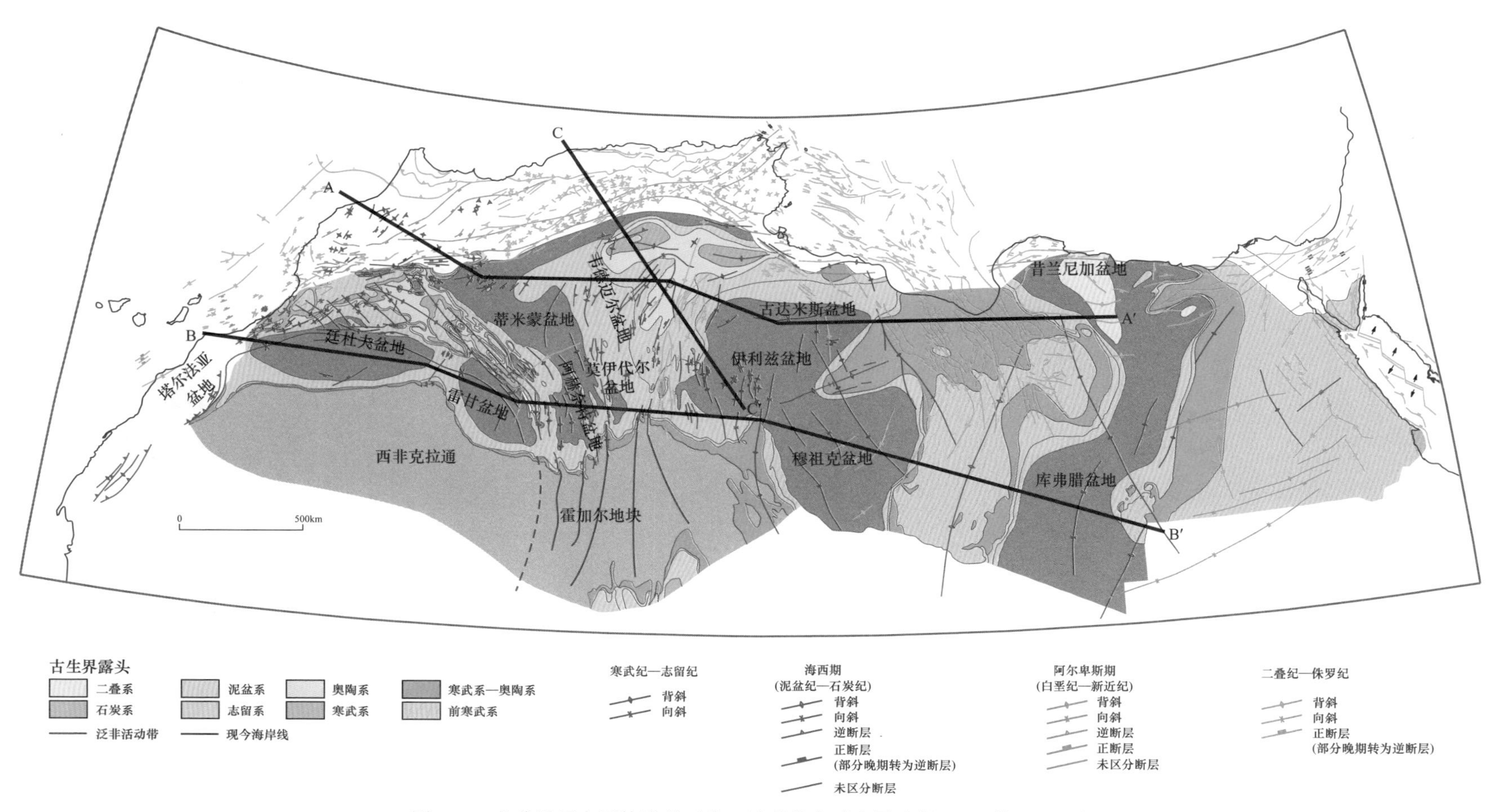

图 2-4 北非地区主干构造的时代、性质分布示意图（据 Craig 等，2006）

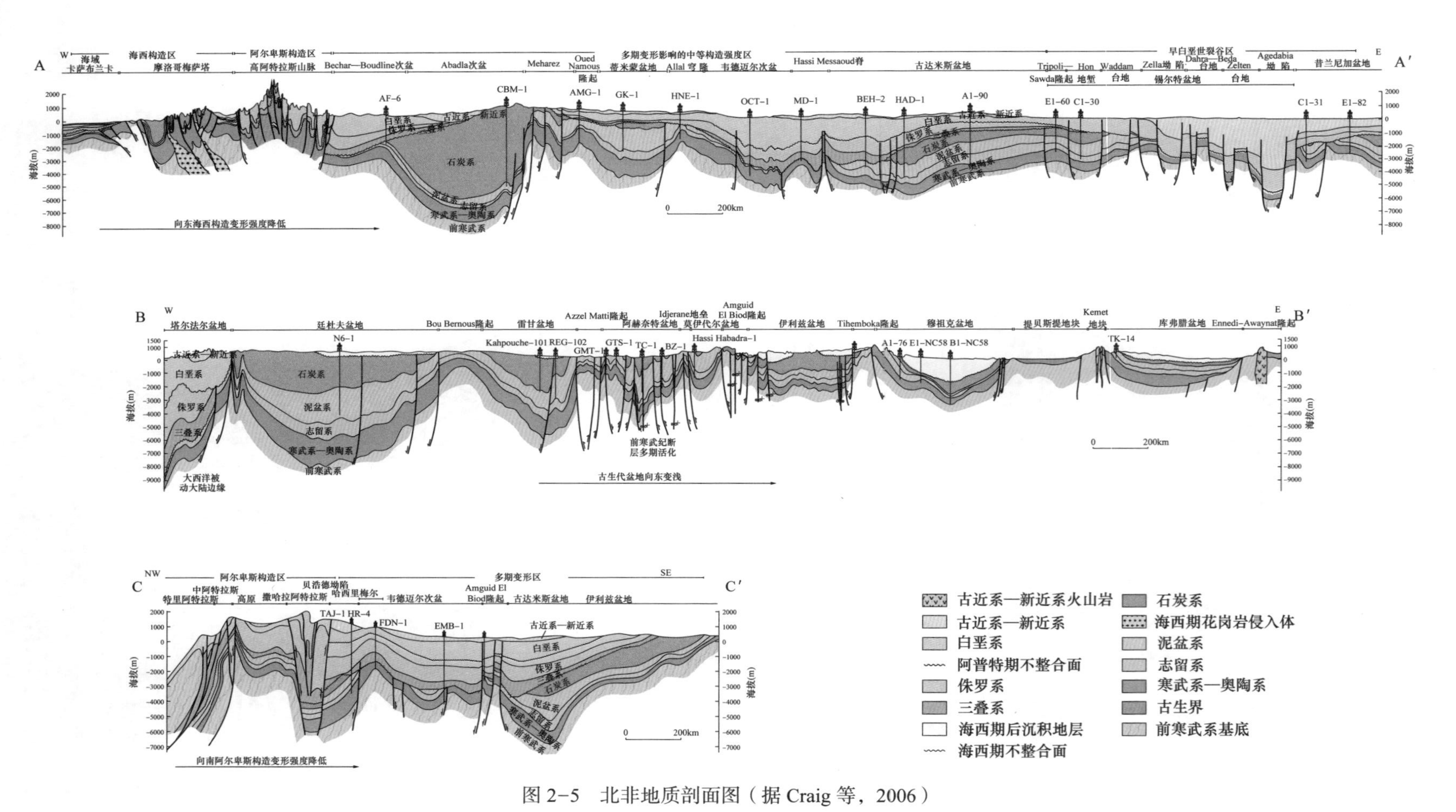

图 2-5　北非地质剖面图（据 Craig 等，2006）

坳陷作用或裂谷作用，非洲大陆上仍有沉积盆地和火山活动。至中生代，包括非洲在内的冈瓦纳大陆进入新一轮的裂解期，沿原来的泛非活动带，发生重要的裂解作用。因此现今的非洲大陆（除马达加斯加外）以古断裂和中生代以来的活动断裂为界，划分为 4 个克拉通（图 2-7），分别为西非克拉通、东非克拉通、刚果克拉通和卡拉哈里克拉通。有别于其他 3 个克拉通，东非克拉通在泛非运动中又遭受较大的改造。Wright 等（1985）将非洲北部统称为撒哈拉克拉通（图 2-7、图 2-8）。

图 2-6　冈瓦纳大陆前泛非期克拉通、泛非活动带（1000—550Ma）和沉积盖层图

（据 Porada，1989；Bumby 等，2003）

西非克拉通是在太古宙西非克拉通核基础上发育起来的，与东非克拉通之间以康迪断裂带为界。康迪断裂带大致沿横撒哈拉泛非活动带延伸，具有长期活动历史并由多条断层组成，泛非纪早期为复杂活动带，为西非克拉通向东非克拉通之下俯冲活动带的一部分，泛非纪后期至早古生代晚期停止活动。加里东事件使其复活，晚古生代活动强度小，中生代—始新世强烈活动，随后停止。康迪断裂带性质多变，有时表现为走滑活动，有时表现为倾向滑动，泛非期表现为右行走滑（Key，1992；Bumby 等，2005），加里东期表现为左行走滑。

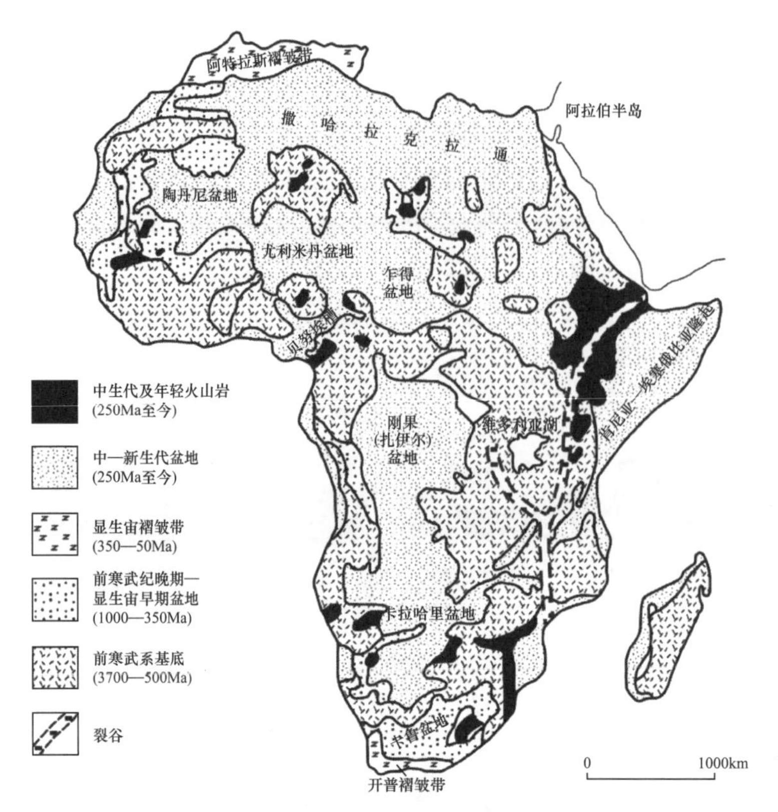

图 2-7 非洲基底出露和盆地分布图（据 Wright 等，1985）

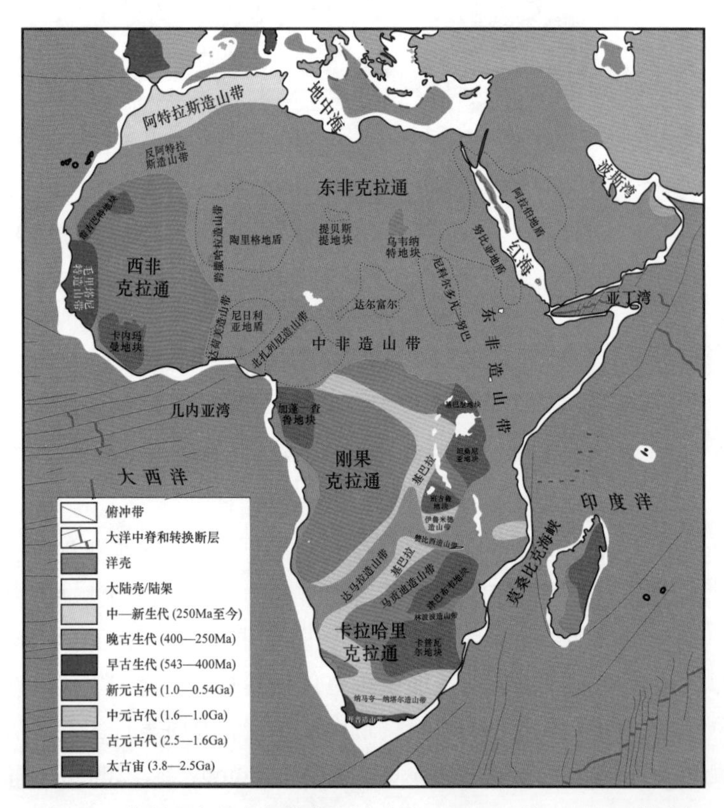

图 2-8 非洲地壳基底年代分布图（据 Gubanov 等，2009，修改）

东非克拉通（又称撒哈拉元克拉通）是由多个太古宙克拉通核联合，并经后期克拉通化过程逐渐发展起来的，与刚果克拉通以中非断裂带为界，该断裂带是中生代以来沿泛非活动带发育起来的走滑断裂带，以右行活动为主，但早期有左行活动的迹象（IHS，2007）。中非断裂带内发育厚层白垩系，其上覆盖坳陷期的新生界。紧邻中非断裂带的东非克拉通和刚果克拉通部分则主要为元古宇，中—新生界沉积盖层较薄。

二、裂谷体系

非洲大陆内部，显生宙以来发生了古生代、中生代和新生代三期裂谷作用，对应形成了三期裂谷系（图 2-9）。其中一些裂谷的裂谷作用延续时间较长，从古生代到中生代，或从中生代到新生代。

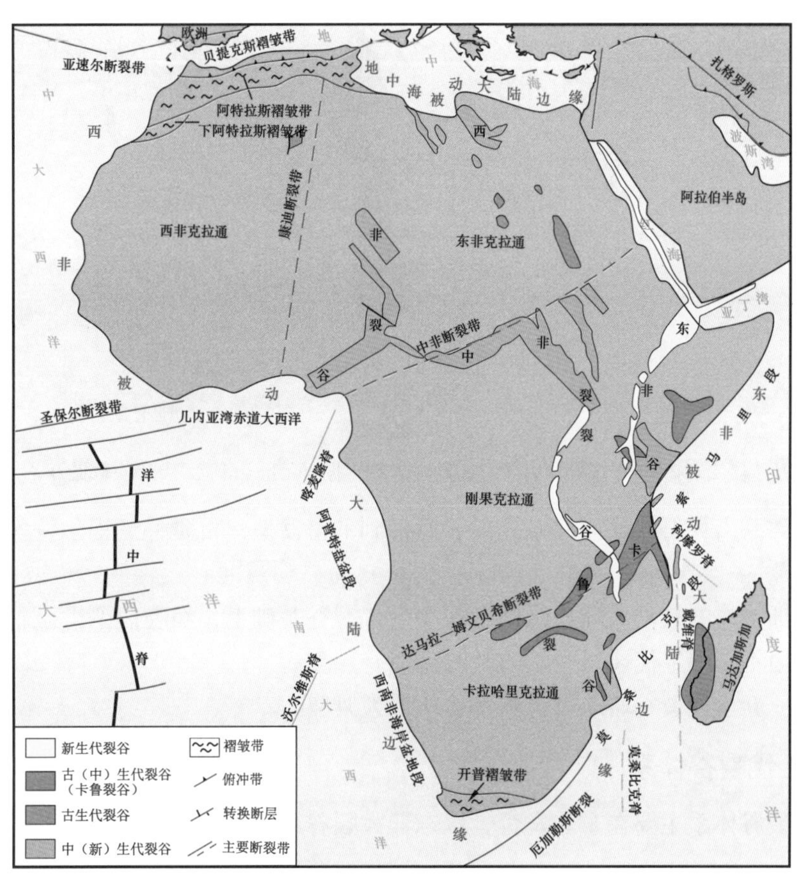

图 2-9　非洲构造单元分布图（据 Fairhead 等，1989，修改）

1. 古生代裂谷体系

非洲曾在古生代发生广泛的裂谷作用，有些地区在裂谷作用下，发育成了裂谷盆地，以东非卡鲁盆地群为主；有些地区只是经历了有限的裂谷作用，后期很快进入坳陷期，形成克拉通内坳陷盆地，如刚果盆地、卡拉哈里盆地等。非洲的古生代裂谷盆地发育在非洲的东南部及北部，尤以东南部的卡鲁盆地群最为发育，其裂谷作用一直持续到中生代。

2. 中生代裂谷体系

中生代裂谷体系主要分布在非洲中部和西部，分别称为中非裂谷系和西非裂谷系，两者合称为西非—中非裂谷系（WCARS）。裂谷系主要发育期为中生代白垩纪，但裂谷作用一直延续到新生代，因此也称中—新生代裂谷体系（图 2-9、图 2-10）。

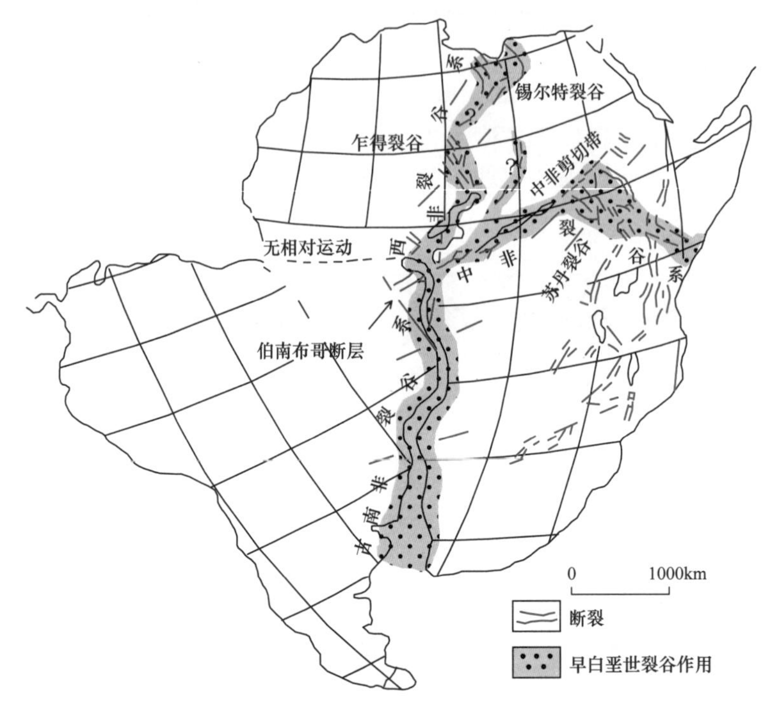

图 2-10　早白垩世西冈瓦纳裂谷体系（据 Fairhead 等，1989，修改）

西非裂谷系沿贝努埃槽向北东方向先延伸到乍得盆地，再延伸到锡尔特盆地，构成西非裂谷系。

现今非洲板块的被动大陆边缘都是在中生代裂谷基础上，经晚白垩世至新生代逐渐发育起来的，但不同中生代裂谷开始的时间存在差异。

北非中—新生代裂谷盆地以锡尔特盆地最为典型。

3. 新生代裂谷体系

新生代裂谷体系主要在东非发育，以东非大裂谷最为典型。北非只有苏伊士湾盆地较为典型。

三、褶皱带

非洲的褶皱带分布在南部和北部（图 2-8、图 2-9），分别为开普褶皱带和阿特拉斯褶皱带。其中，非洲北部的阿特拉斯褶皱带是在海西期褶皱带基础上，经中—新生代形成的褶皱带，是非洲板块和欧洲板块碰撞作用的结果，它属于阿尔卑斯褶皱带（主要分布在欧洲南部和地中海）的南部山链，北到泰勒—里夫褶皱带南缘逆冲断层，南到撒哈拉地台北缘（图 2-11）。阿特拉斯褶皱带内部又分为台地和褶皱带，其中摩洛哥高阿特拉斯、撒哈拉阿特拉斯和突尼斯阿特拉斯褶皱带类似于欧洲的侏罗山式褶皱，组成了阿尔卑斯山链的前陆褶皱带。阿特拉斯褶皱带地质构造复杂，褶皱、反转构造和走滑构造发育，与其南边的撒哈拉地台的变化形成鲜明的对比，两者之间是北倾南冲的逆冲断层。在阿特拉斯褶皱带中，既有地槽回返后形成的小型山间盆地，也有冒地槽发展过程中在较稳定的地区形成的相对较大的盆地，并且在中生代经历了裂谷作用。

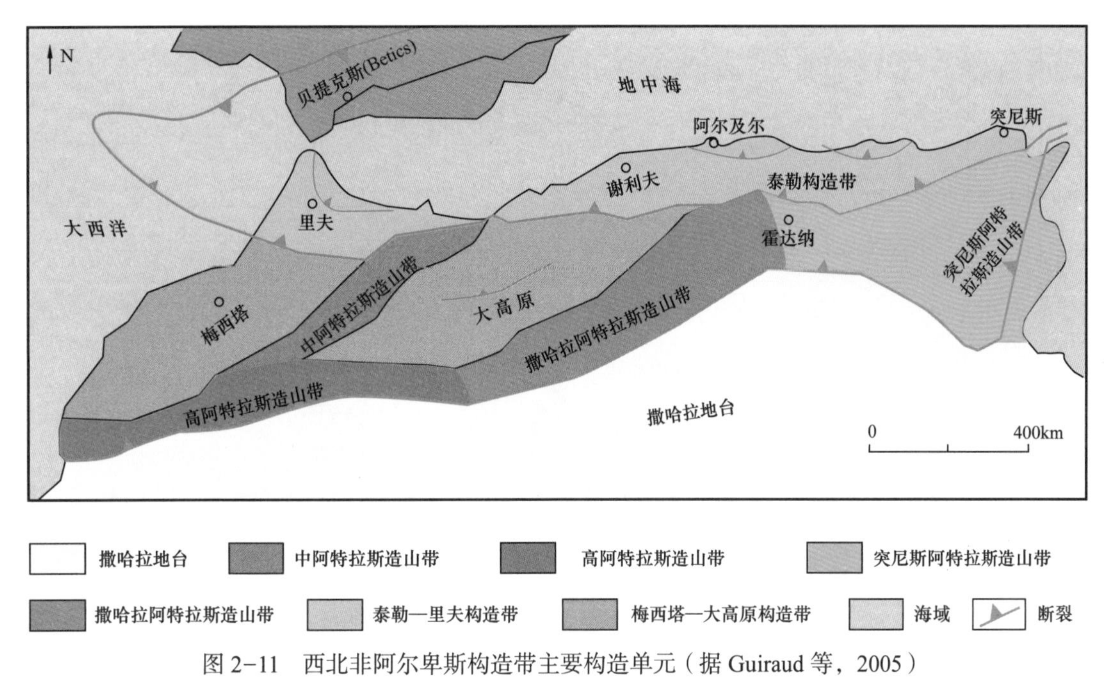

图 2-11　西北非阿尔卑斯构造带主要构造单元（据 Guiraud 等，2005）

阿特拉斯褶皱带主体部分形成于中—新生代，但至少还经历了泛非期和海西期褶皱作用，前者在摩洛哥阿特拉斯褶皱带有所表现，而后者表现为摩洛哥海西褶皱带。

四、被动大陆边缘

中—新生代冈瓦纳大陆的裂解、漂移，在非洲形成了广阔的被动大陆边缘，按地理位置，可划分为西非被动大陆边缘、东非被动大陆边缘和东地中海残留被动大陆边缘。

东地中海残留被动大陆边缘位于非洲北部边缘东段，为残留新特提斯洋的被动大陆边缘。非洲板块北东边缘与阿拉伯半岛分离，在红海与亚丁湾出现洋壳，其两侧可以认为是幼年期被动大陆边缘（图 2-9）。

第二节　构造和沉积演化

太古宙以来，非洲大陆及其边缘的地质演化可划分为六个阶段（表 2-1，图 2-12），其中前寒武纪划分为两个阶段，显生宙划分为四个阶段。前寒武纪划分的两个阶段分别是：（1）前泛非期（1000Ma 前），罗迪尼亚大陆形成阶段（图 2-13a）；（2）泛非期（560—490Ma）冈瓦纳大陆形成阶段，该阶段罗迪尼亚大陆解体、冈瓦纳大陆形成（图 2-13b）。非洲大陆显生宙的构造沉积演化经历了四个阶段：（1）加里东期（早古生

表 2-1　非洲地质年代、构造运动与全球对比表

地质年代			同位素年龄（Ma）
新生代	第四纪	全新世	0.0117
		更新世	2.58
	新近纪	上新世	5.333
		中新世	23.03
	古近纪	渐新世	33.9
		始新世	56.0
		古新世	66.0
中生代	白垩纪		145.0
	侏罗纪		201.3 ± 0.2
	三叠纪		252.17 ± 0.06
晚古生代	二叠纪		298.9 ± 0.15
	石炭纪		358.9 ± 0.4
	泥盆纪		419.2 ± 0.32
早古生代	志留纪		443.8 ± 1.5
	奥陶纪		485.4 ± 1.9
	寒武纪		541.0 ± 1.0
元古宙	新	震旦纪	850
			1000
	中		1600
	古		2500
太古宙	新		2800
	古		3600
冥古宙			4600

构造阶段与构造事件

阶段	欧美	中国	非洲
潘基亚古陆解体	新阿尔卑斯阶段：瓦拉几亚运动、海尔维第运动、萨瓦运动、比利牛斯运动	喜马拉雅阶段：喜马拉雅运动（晚）、喜马拉雅运动（早）	阿尔卑斯期：第四纪早期事件（1.5Ma）、托尔托纳期事件（8.5Ma）、波尔多期事件（18Ma）、阿基坦末期事件（22Ma）、比利牛斯—阿特拉斯事件（37Ma）
	老阿尔卑斯阶段：拉勒米运动、晚基梅里运动、早基梅里运动	燕山印支阶段：燕山运动（晚）、燕山运动（中）、燕山运动（早）、印支运动（晚）、印支运动（早）	84Ma 开普期：白垩纪末期事件、圣通期（184Ma）、阿尔布期事件（101Ma）、阿普特期事件（120Ma）、白垩纪—侏罗纪转换期事件、里亚斯（J_1）末期事件、三叠纪末期事件
潘基亚古陆形成	海西阶段：阿伯拉钦运动、萨尔运动、阿斯图里运动、苏台德运动、布雷顿运动、伊利运动	海西阶段：伊宁运动、天山运动	海西期：二叠纪末期事件、石炭纪—二叠纪过渡期事件、中石炭世事件（315Ma）、布雷顿运动、中阿卡迪事件（D_1/D_2）
	加里东阶段：阿登运动、塔科尼运动、撒丁运动	加里东阶段：祁连（广西）运动、古浪运动、兴凯运动	加里东期：阿登运动、塔科尼运动、加里东运动中期、撒丁运动、加里东运动早期、卡多姆运动
地台形成	阿辛特运动	吕梁晋宁阶段：晋宁运动（晚）、晋宁运动（早）	泛非期：泛非运动早期
原地台形成	哥特—格林威尔运动、卡雷利阿—哈德孙运动	吕梁（中条）运动	前泛非期
陆核形成	肯诺雷运动	阜平吕梁阶段：五台运动、阜平运动	
天文阶段			

系(纪)	阶(期)	摩洛哥	阿尔及利亚西 乌加尔塔	阿尔及利亚西 斯巴—阿赫奈特盆地	阿尔及利亚东 伊利兹—贝尔肯盆地	阿尔及利亚东 东南部	突尼斯 古达米斯盆地	利比亚西北 古达米斯盆地	利比亚西南 穆祖克盆地	利比亚东南 库弗腊盆地	利比亚东北 昔兰尼加盆地	西埃及 西撒哈拉
二叠系												
石炭系	格舍尔阶	HASSI AOULEOUEL	TIGUENTOURINE FM.		T I G U E N T O U R I N E F O R M A T I O N						TIG FORMATION	SAFI; ROD EL HAMAL
	莫斯科阶				SERIES F	EL ADEB HARACHE	DEMBABA	DEMBABA	DEMBABA		DEMBABA EQUIV.? C-IV	
	巴什基尔阶	REOUINA			SERIES E							
	谢尔普霍夫阶		BAHMER	NAMURIAN	SERIES D	OUBARAKAT	ASSEDJEFAR	ASSEDJEFAR	ASSEDJEFAR	DALMA	CARBONIFEROUS III ASSEDJEFAR-EQUIV.?	DHIFFAH
	维宪阶	SEFIAT	TIMIMOUN	VISEAN	SERIES C; SERIES B	ASSEKAIFAF		COLLENIA BEDS	COLLENIA BEDS		CARBONIFEROUS I.II M'RAR EQUIV.?	
	杜内阶	SLOUGIA	KAHLA	TOURNAISIAN	SERIES A	HASSI ISSENDJEL	M'RAR	M'RAR	M'RAR			
泥盆系	斯特隆阶	NAGA RHAZAL		SBAA	RESERVOIR F2	ILLERENE	TAHARA					
	法门阶		MARHOUMA	FAMENNIAN			AWAYNAT WANIN IV	WADI ASH SHATI			DEVONIAN VII; AWAYNAT WANIN EQUIV.	DESOUQY
	弗拉阶	TSABIA		FRASNIAN	SHALE SERIES		AWAYNAT WANIN III		AWAYNAT WANIN	BINEM	DEVONIAN VI	
	吉维特阶	SEBBAT	CHEFAR EL AHMAR	GIVETIAN	RESERVOIR F3	SERIES OF TIN MERAS	AWAYNAT WANIN II	AWAYNAT WANIN			DEVONIAN V	
	艾菲尔阶	TALHA					AWAYNAT WANIN I				DEVONIAN II III IV	ZAITOUN
	埃姆斯阶		TEFERGUINIT		RESERVOIR F4 F5	ORSINE	OUAN KASA	OUAN KASA	OUAN KASA		DEVONIAN I OUAN KASA EQUIV.?	
	布拉格阶	GRES DE BIA	DKHISSA		RESERVOIR F6; UNIT C3 UNIT C2 UNIT C1	WADI KARKA	TADRART	TADRART	TADRART	TADRART		
	洛赫考夫阶		SEHEB EL DJIR ZEIMLET									
志留系	普里道利统	SEBKRA MEBBAS KKEIALA			UNIT B UNIT A UNIT M		? ? ?					
	罗德洛统		OUED ALI			ATAFAITAFA	? ?	ACACAUS	ACACAUS			
	温洛克统			SILURIAN SHALE FEGUAGIRA			SANDSTONE SHALE SEQUENCE			ACACAUS	SILURIAN II ACACAUS EQUIV.	BASUR
	兰多维列统 上中							TANEZZUFT				
	兰多维列统 下	MOKATTAM			SILURIAN SHALE	IMIRHOU	MAINLY SHALE		TANEZZUFT	TANEZZUFT	SILURIAN I TANEZZUFT EQUIV.	KOHLA
奥陶系	阿什基尔阶	RHEZZIANE SST, U. SECOND BANI SST, SIDI SAID	JABAL SERRAF	UNIT Ⅳ	UNIT Ⅳ	TAMADJART	DJEFFARA	MEMOUNIAT	MEMOUNIAT		MEMOUNIAT EQUIV.	
	卡拉多克阶	KTAOUA CLAY, FIRST BANI SST, TIMAH BEDDOUS	BOU M'HAOUD					MELEZ CHOGRANE	MELEZ CHOGRANE		ORDOVICIAN II MELEZ CHOGRANE EQUIV.	
	兰代洛阶		FOUM UZ ZEIDIYA		UNIT Ⅲ-3	IN TAHOUITE	BIR-BEN-TARTAR					
	兰维恩阶	TACHILLA SLATES, EL HARCHA SST	KHEREZ EL AA TENE	UNIT Ⅲ			KASBAH-LEGUINE	HAOUAZ	HAOUAZ			
	阿雷尼格阶	FEZOUATA TERGOU	FOUM TINESLEM		UNIT Ⅲ-2	BANQUETTE						
	特马豆克阶		DALLA LINGULES		UNIT Ⅲ-1	VIRE DU MOUFLON	SANRHAR		ASH SHABIYAT			SHIFAH
寒武系	梅里奥尼思阶	TABANITE, ZAIAN, OURDANE, INNER FIEJAS, GRIS DE AROUETA	AIN EN NECHEA			TIN TARADJELLI		HASAWNAH	HASAWNAH	HASAWNAH		
	圣大卫阶		SEBKHET EL MELLAH	UNIT Ⅱ	UNIT Ⅱ		SIDI TOUI					
	克尔菲阶				UNIT Ⅰ	EL MOUNGAR						
前寒武系	始寒武系			INFRA-CAMBRIAN				INFRA-CAMBRIAN	MOU-RIZIDIE	INFRA-CAMBRIAN		

图 2-12　北非地区古生界岩石地层对比图（据 Craig 等，2006）

代）冈瓦纳大陆演化阶段，期间发育了北非最为重要的古生界志留系、泥盆系烃源岩；（2）海西期（晚古生代）潘基亚超大陆形成阶段，冈瓦纳大陆和劳亚大陆拼合形成潘基亚超大陆（图2-14）；（3）中生代潘基亚超大陆解体阶段，形成了非洲第二套重要的烃源岩——白垩系烃源岩；（4）新生代漂移、裂谷和挤压褶皱阶段，形成了古近系、新近系烃源岩。

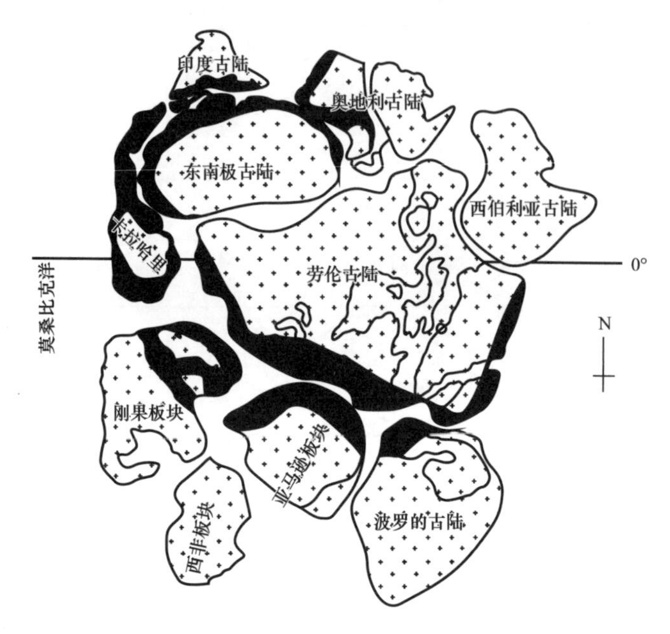

a. 罗迪尼亚大陆重建图(750Ma)

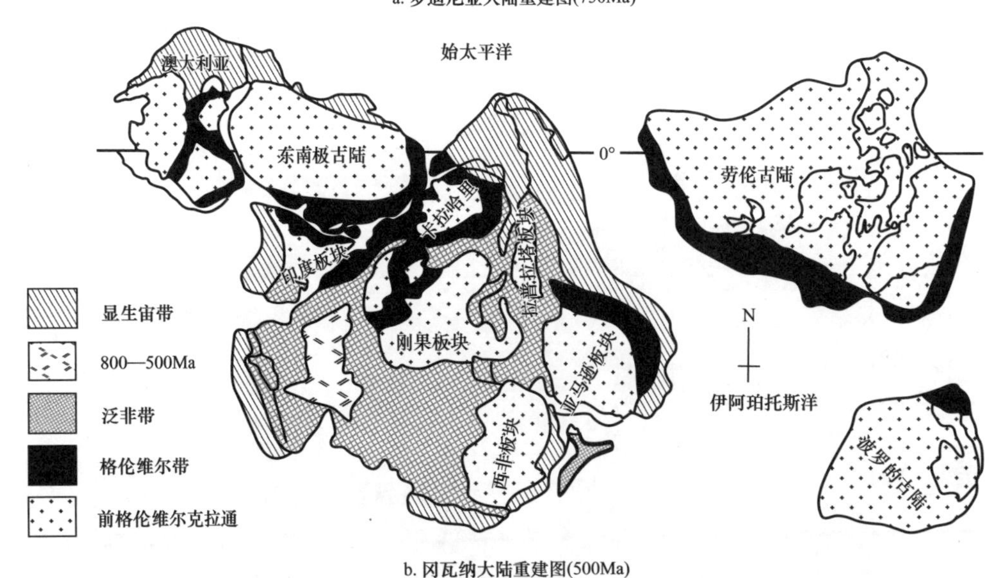

b. 冈瓦纳大陆重建图(500Ma)

图2-13 罗迪尼亚大陆—冈瓦纳大陆重建图（据 Hoffman，1991，修改）

控制北非地区构造沉积演化的重要因素包括：（1）泛非基底对其后裂谷和反转构造的影响；（2）不同古生代盆地裂谷作用的时间及沉降作用不同；（3）中生代盆地演化和大西洋打开的关系；（4）阿尔卑斯造山带对陆内盆地的影响。

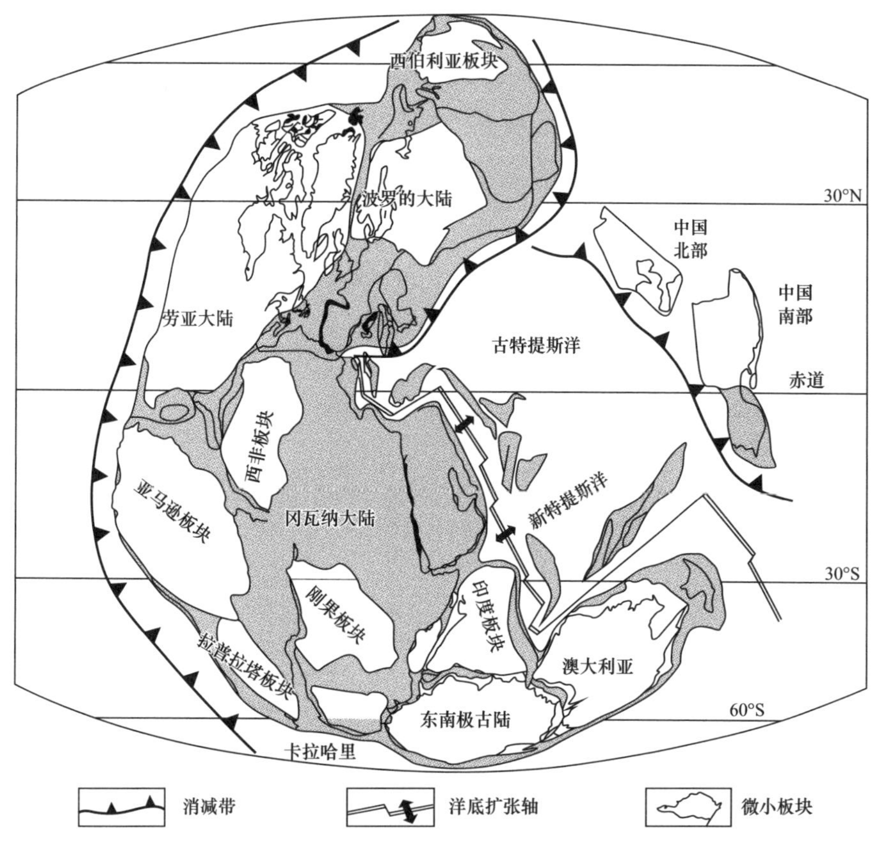

图 2-14　潘基亚超大陆（250Ma）重建（据 Torsvik，2003，修改）

一、前寒武系基底构造

太古宙非洲为克拉通陆核形成期，中元古代末期形成罗迪尼亚大陆（Unrug，1996）。新元古代，进入泛非构造演化阶段，表现为典型的威尔逊旋回板块构造演化，经历了初始裂开、漂移和俯冲碰撞等阶段；主要构造活动分布于泛非活动带上（图 2-6），对非洲显生宙盆地的形成具有重要影响，构造活动走向和显生宙构造应力场的关系与显生宙盆地的形成密切相关（Guiraud 等，1999）。新元古代末期，泛非运动形成冈瓦纳超级大陆（Condie，1989；Petters，1991），非洲处于冈瓦纳大陆的核心。其中，南美洲、非洲、阿拉伯半岛、印度、马达加斯加、南极洲和澳大利亚组成了冈瓦纳大陆的雏形，而其余板块组成了劳亚大陆的雏形（图 2-13b）。北非多数古生代和中生代盆地由基底构造活化形成，基底构造由 NW—SE 向的大陆和海洋地体向东北非泛非构造核部的增生体固化后与西非克拉通碰撞而形成。泛非作用晚期，西非克拉通为一个刚性块体，楔入东部固化后的增生体而共同构成了北非大部。

1. 西非克拉通

北非出露最古老的岩石在西部构成了西非克拉通（太古宙）、在中部构成了欧本期（Eburnean，2000—1500Ma）陶里格地盾的一部分（图 2-15）（Black 和 Fabre，1980）。自中元古代（1700Ma）以来，克拉通上的片麻岩和花岗岩相对稳定，其上为元古宙钙质和碎屑质沉积物（陶丹尼盆地），向北逐渐过渡为约 780Ma 的镁铁质和火山碎屑岩（Leblanc 和 Lancelot，1980）。Reguibat 地盾是西非克拉通北部的一部分（图 2-16），由西部与中部的太古宙和东部的古元古代（2700—2400Ma）岩石构成。

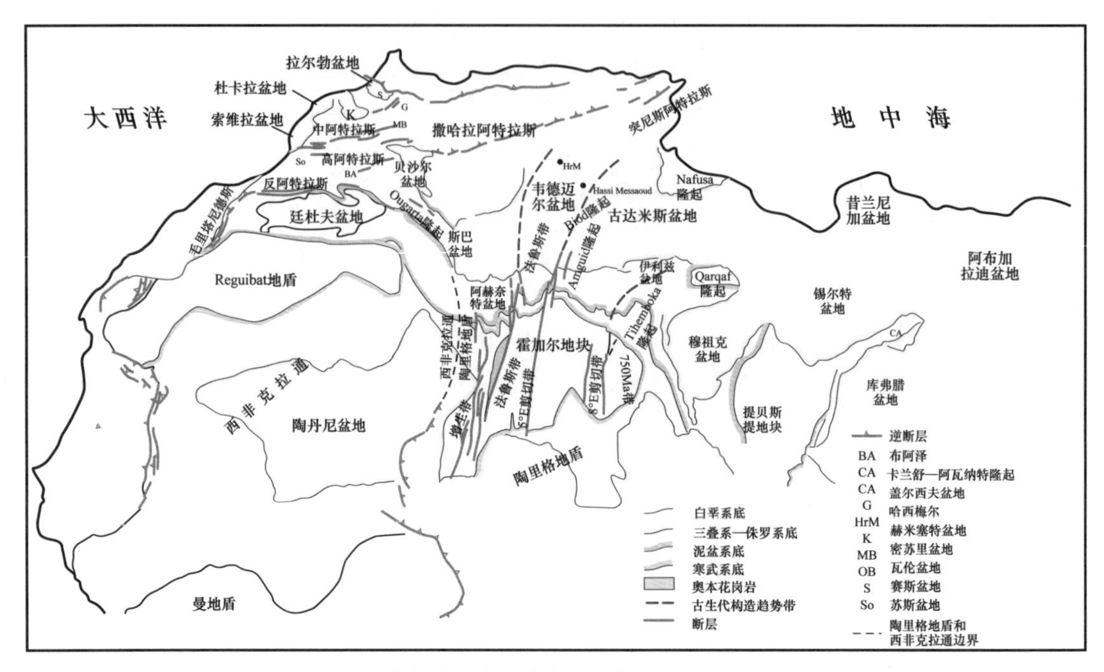

图 2-15 北非前寒武系构造分布图（据 Coward 和 Ries，2003）

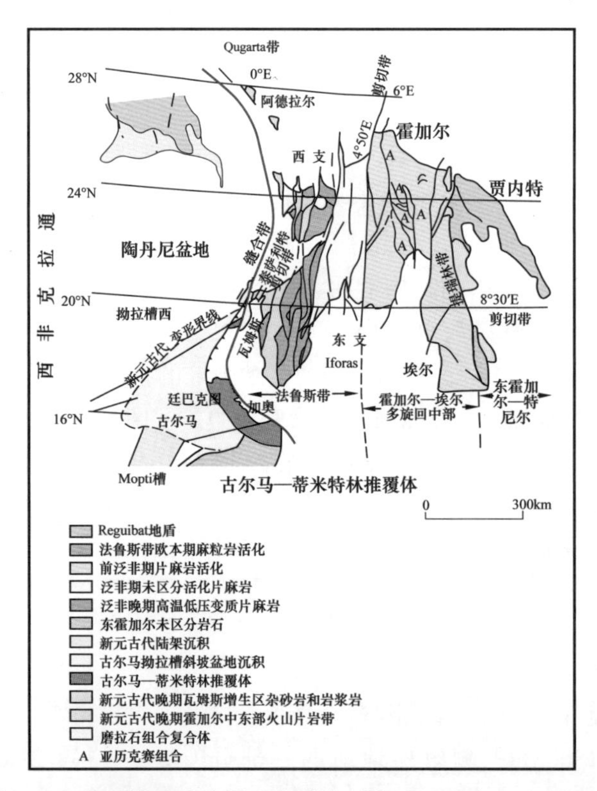

图 2-16 陶里格地盾及邻区地质图（据 Coward 和 Ries，2003）

泛非期，西非克拉通被动边缘与北部的陶里格地盾及南部的贝宁—尼日利亚地盾活动边缘发生碰撞作用（Caby，1970；Leblanc，1972）。沿西非克拉通北部边缘，在摩洛哥可见代表碰撞缝合带的蛇绿岩带（Bou Azzer），西非克拉通东缘的缝合带延伸超过 2000km。

2. 陶里格地盾

陶里格地盾沿泛非剪切带表现出近 SN 向构造样式（图 2-15、图 2-16）。泛非期，北非地区发生了西非克拉通向东侧的东非克拉通推挤、楔入，二者之间形成了大型逃逸构造和走滑断层。北非的泛非碰撞带是由数个微块增生形成的，虽然其边界缝合带倾角较缓且又发生了褶皱作用而在后期难以追溯，但每个块体可以通过地层学特征加以区分。在区域尺度上，块体和块体边界是以不同时代的构造、保存的洋壳或下部陆壳区分的。从西向东，这些块体分别为（图 2-17）：

（1）法鲁斯（Pharusian）带，新元古界下部（1000—800Ma）的地台型石英岩、大理岩，其上为新元古界上部的火山碎屑岩，类似于现代岛弧和活动大陆边缘；

（2）中部的霍加尔—埃尔（Air）区，为前泛非基底，泛非期发生花岗岩类侵入；

（3）东部的霍加尔—特尼尔区，西缘以泛非活化的剪切带（Tiririne 带）为界。

上述分区包含中元古界欧本阶大型高级变质岩（通常为麻粒岩相变质组合）块体。在霍加尔地块西部，欧本阶麻粒岩块体大，以 ENE—WSW 向构造为主，这些块体周围为 SN 走向的泛非角闪岩相片麻岩和糜棱岩带。霍加尔地块中部，发育古元古界高级角闪岩相片麻岩（2250Ma ± 100Ma）。陶里格地盾中元古界欧本阶岩石相当于西非克拉通的古元古界岩石。

据 Black 和 Fabre（1980）研究表明，相似方向的碰撞事件（距今约 700Ma 或更早）影响了法鲁斯带西部的新元古界岩石，推覆体向 NNW 向运动。因此，法鲁斯带是前寒武纪增生体卷入大陆地壳（以中寒武统麻粒岩为代表）中最年轻的一个。走滑带（传递带）与增生有关，走向为 NNW—SSE 到 SN 向。4° 50′ E 构造线是一条走向为 SN 到 NNE—SSW 向的大型剪切带，它从霍加尔地块向南延伸到贝宁，构成了法鲁斯带的东界和霍加尔—埃尔地块的西界（图 2-16），以泛非期强烈变形的 SN 向片岩带和花岗岩侵入体剪切带为特征。

霍加尔地块西部（700—650Ma）位于增生沉积物和岩浆弧之下。增生体沉积在西非克拉通之上。泛非晚期东西向的碰撞事件（约 600Ma）影响了整个陶里格地盾。

泛非晚期构造包括剪切带和正断层。许多断层构成前寒武系上部磨拉石盆地的边界。Ouallen 盆地（霍加尔西北—阿赫奈特盆地南）的砾岩、砂砾岩近主断裂沉积，向西渐变为页岩。远离断层的底部主要为风成和河流相长石砾岩。现今的边界为高角度断层，推测新元古代变形期或后期阶段性的泛非变形期发生旋转作用，使所形成的半地堑沉积抬升、剥蚀。

3. 反阿特拉斯带

摩洛哥南部的反阿特拉斯带出露欧本阶岩石组成的基底，为西非克拉通北部边界；摩洛哥北部的反阿特拉斯带由受泛非造山事件影响的岩石（750—680Ma）组成。这两个基底年龄不同的地区由 Bou Azzer 蛇绿岩带分隔，沿西非克拉通东缘和北缘发现蛇绿岩露头。

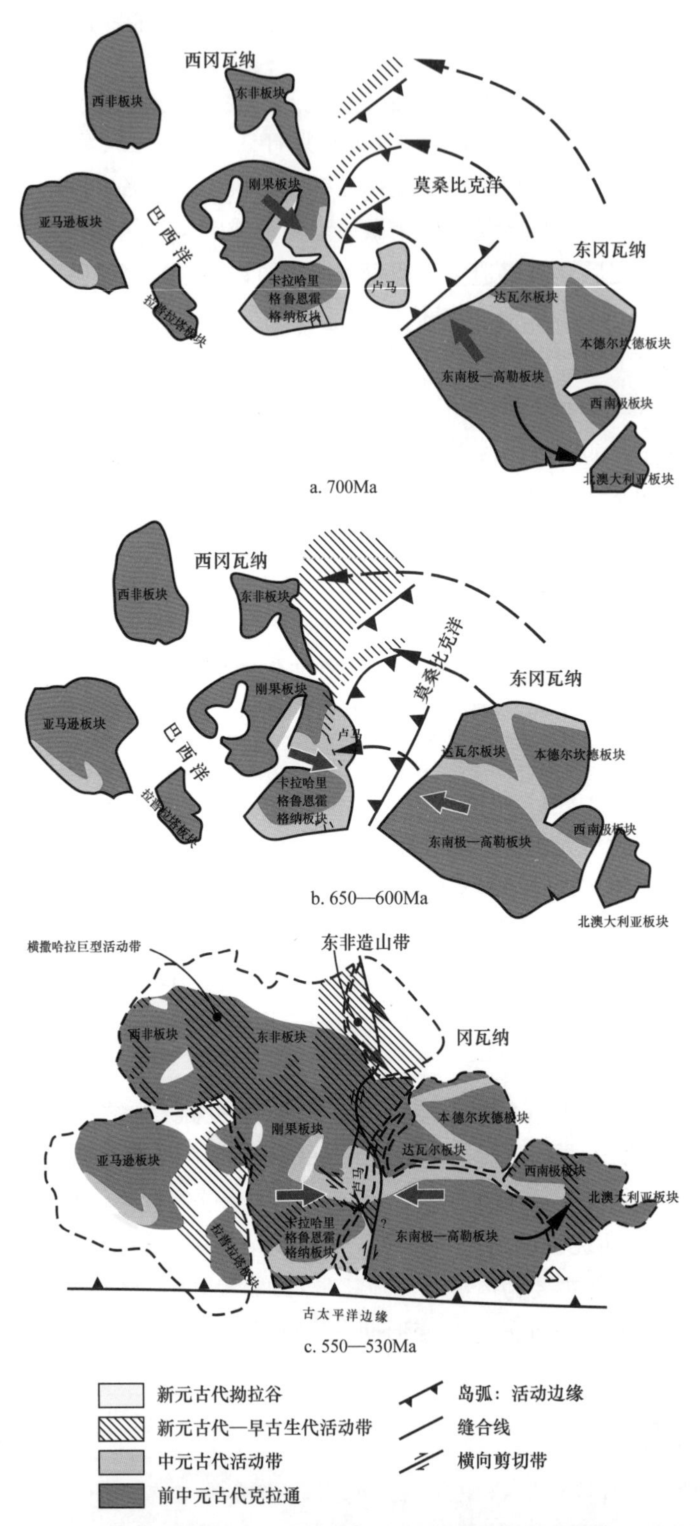

图 2-17　泛非造山期东、西冈瓦纳古地理重建（据 Craig 等，2006）

4. 基底构造

北非的泛非构造（图 2-15）是控制古生代和中生代盆地分布的基底构造。西部基底构造以北非增生复合体和西非地盾间的泛非缝合带为主。泛非构造走向为 NW—SE，倾向为 SE，倾角中等。

阿尔及利亚中、东部的基底构造与陶里格增生复合体有关。霍加尔地块的基底构造为 SN 走向，向东陡倾，以斜滑断层带为主，增生期起传递带的作用。逆冲构造走向为 ENE—WSW 到 NNE—SSW，倾向为 ESE，倾角缓—中等。霍加尔地块北、东方向，以逆冲构造为主，基底构造走向为 NE，倾向为 SE。

在利比亚和埃及，基底构造走向为 NE—SW 到 ENE—WSW，倾向为 SE，倾角缓—中等。大型剪切带走向为 NW—SE，与增生方向平行，这些剪切带构成了东非基底的主要构造，分布在穆祖克盆地和锡尔特盆地。

二、泛非造山作用

北非陆壳是在泛非期经历了西非克拉通、东非克拉通和数个岛弧间的斜向陆—陆碰撞后逐渐形成的。泛非期持续发育的岛弧增生和陆—陆碰撞作用使许多克拉通核“熔结”在一起形成了两个大型造山带，即东非造山带和经向泛非造山带（或称横撒哈拉巨型带），共同构成了北非和阿拉伯地区基底（图 2-17）。古老的西非克拉通和东非克拉通自中元古代（2100—1800Ma）一直保持稳定。泛非运动（700—600Ma）稳定的克拉通块体主要局限在大洋火山—沉积、局部保存的蛇绿岩套和与俯冲有关的侵入岩体间。法鲁斯带联结努比亚—阿拉伯地盾与西非克拉通成为统一块体。

1. 东非造山带

东非造山带北部位于现今阿拉伯半岛西部和埃及、苏丹东部的阿拉伯—努比亚地盾。640—510Ma，分隔东、西冈瓦纳大陆的莫桑比克洋发育大洋岛弧和弧后盆地，碰撞、逐渐关闭后形成了阿拉伯—努比亚地盾（冈瓦纳大陆），主要由增生岛弧和几个微板块构成。这与东非—南极洲造山带南部是由陆—陆碰撞形成的不同。泛非期重新形成的东非造山带遭受剥蚀、沉积在相关前陆盆地及克拉通内磨拉石盆地中。

2. 经向泛非造山带

北非地区第二个泛非造山带为经向泛非造山带（Chaine Pan-Africaine），或称横撒哈拉巨型带（Trans-Saharan Megabelt），位于阿尔及利亚、马里和尼日尔附近（图 2-18），它形成于 750—520Ma，是 20 多个西非和东非克拉通碰撞形成的。经向泛非造山带出露于反阿特拉斯、奥加塔、法鲁斯—陶里格（霍加尔地块）、古尔马和达荷美带。陶里格地盾由所称的法鲁斯洋内的法鲁斯微板块组成，法鲁斯洋位于西非克拉通和东非克拉通之间。新元古代泛非造山带周围均为西非克拉通，泛非期的基底出露于西非克拉通西侧的毛里塔尼亚、Bassaride、Rokelide 带中。

经向泛非造山带和西非克拉通的界线在摩洛哥反阿特拉斯也可见到，它又可以分成三个构造区：反阿特拉斯南部区，代表西非克拉通的北界；反阿特拉斯中部区，代表增生复合体的缝合带；反阿特拉斯东部区，仅出现了新元古界岩石。而 Ennih 和 Liégeois（2001）认为整个反阿特拉斯带属于西非克拉通。反阿拉特拉斯泛非构造单元代表海洋碎片，在泛非增生构造的作用下（685Ma）逆冲到克拉通之上。

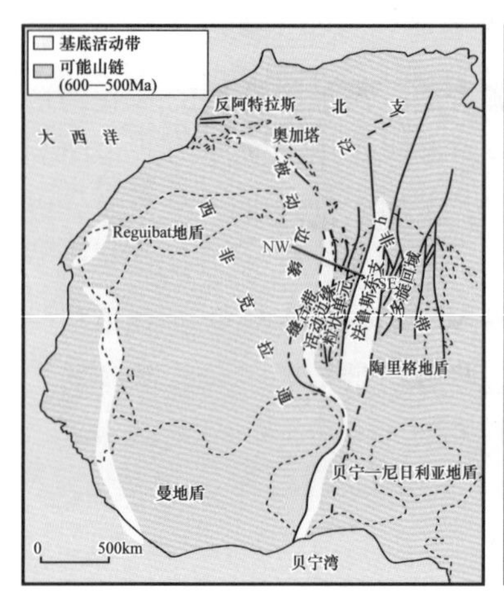

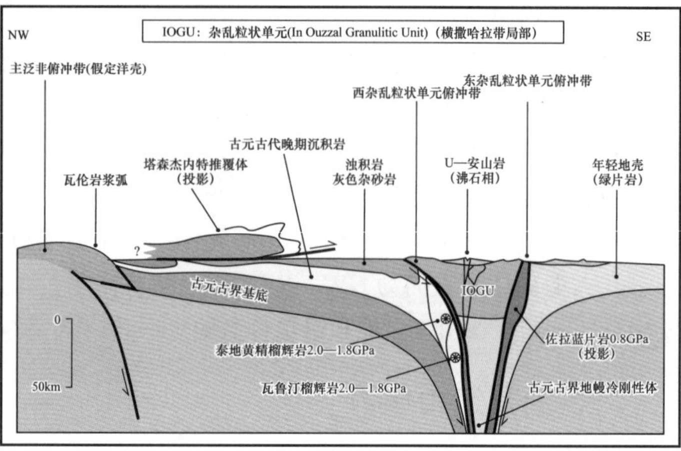

图 2-18　泛非横撒哈拉带构造图（据 Craig 等，2006）

经向泛非造山带中也发育了 Intramontane 磨拉石盆地，在霍加尔地块西北部聚集了大量泛非期磨拉石，它们充填在残余盆地和地堑中，沉积超过 6000m 的红色、绿色碎屑沉积及石灰岩、白云岩。西非克拉通的前寒武纪沉积也受经向泛非造山带的影响较大，如陶丹尼盆地中—新元古代沉积厚度变化大（从 Adrar 地区的 1000m 到阿尔及利亚的 100m）。

3. 近冈瓦纳地块

泛非运动末期，西欧地块（包括东阿瓦隆尼亚、阿莫里凯、特普拉—巴兰迪亚和萨克斯—图林根地块）拼合在北非和阿拉伯板块之上，北部发育了大洋俯冲带，北非和阿拉伯板块受该挤压作用影响较弱。

北非陆壳比较典型的构造为泛非横撒哈拉构造带，泛非横撒哈拉构造带在阿尔及利亚南部的霍加尔地块有出露（图 2-19）。Boullier（1991）将泛非横撒哈拉构造带分成 6 个区，如东部 730Ma 的前泛非缝合带、泛非逆冲断层带、地壳增厚区和晚泛非走滑韧性剪切带（4° 30′ E 剪切带）等。霍加尔地块西侧出露了几个推覆体，逆冲在西非克拉通被动边缘之上。碰撞带以阿尔及利亚撒哈拉的 Tilemsi 缝合带和 Ougarta 山链为代表，霍加尔地块的基底块体被大型 SN 向垂向剪切带分隔，该剪切带为地壳尺度的块体边界，在泛非期斜向碰撞期间经历转换挤压活动作用。另外，如横非洲线性构造带（Trans-African Lineament）、中非线性构造带和纳吉德断裂系等元古宙和泛非期扭错断层均与元古宙和泛非期板块与相邻克拉通的重组有关（图 2-19）。这些扭错断裂系是北非陆壳内软弱带形成的基础，这些软弱带后期发生多次构造事件，如中非线性构造带控制了白垩纪南大西洋、赤道大西洋的打开与中、西非裂谷系的演化。阿尔及利亚 4° 30′ E 剪切带显生宙的重新活动控制了 Amguid 隆起的演化，也影响了阿赫奈特和古达米斯盆地的演化。海西转换挤压构造作用期，整个古生界均发生抬升、大部分遭受剥蚀。海西期拱起（地形高地）于三叠纪和早白垩世裂谷作用期间再次活动，沿其东缘形成了一系列地垒和地堑，这些地堑于晚白垩世和古近纪—新近纪期间发生反转。近泛非造山带，北非陆壳发育 SN 向、NE 向、NW 向和 EW 向构造（图 2-19、图 2-20）。新元古代断层和构造在较新的沉积盖层中也持续分布，说明显生宙构造分化成盆地、裂谷和穹隆状抬升等受下伏基底先存构造走向的控制。

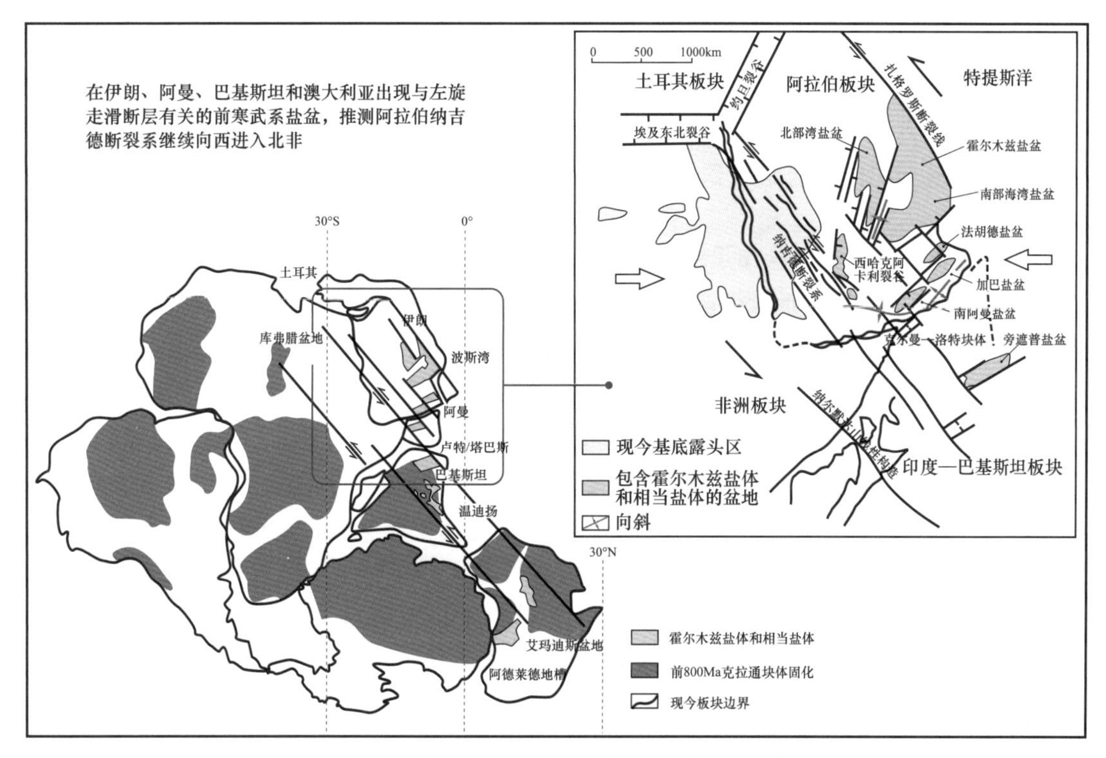

图 2-19　前寒武纪北非地区构造背景图（据 Craig 等，2006）

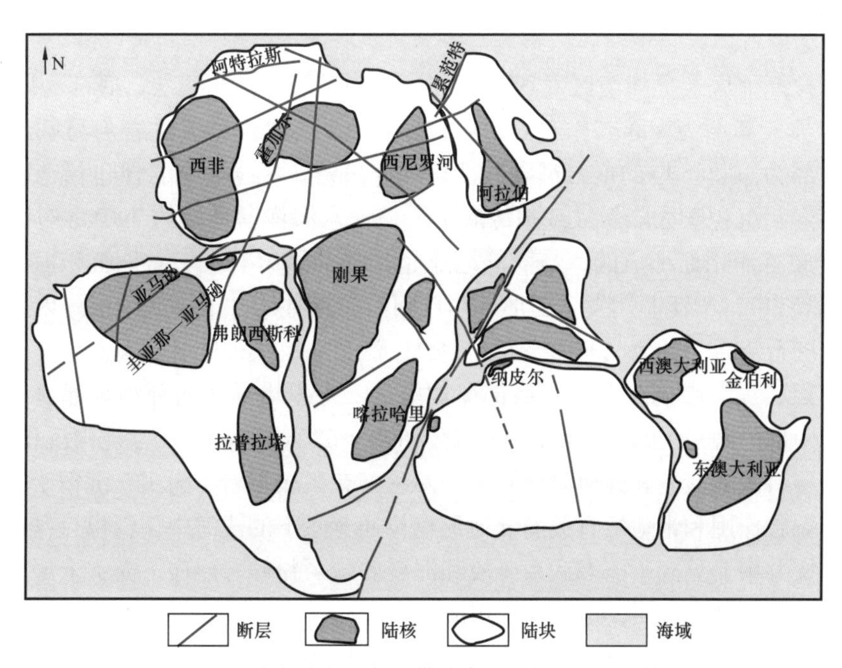

图 2-20　冈瓦纳大陆主要断裂带分布图（据 Guiraud 等，2000）

三、前寒武纪伸展作用

新元古代—寒武纪（1000—525Ma），北非以伸展运动为主。沿横非洲线性构造带发生剪切作用形成的（与阿拉伯纳吉德断裂系西延部分有关的拉分盆地，与泛非造山带伸展垮塌有关的半地堑）前寒武纪盆地和构造向西延伸到冈瓦纳大陆北部，从澳大利亚经巴基斯坦、伊朗、阿曼到北非（图 2–19）。新元古代（1000Ma）—寒武纪初（542—525Ma），北非地区发育前泛非期地台沉积及泛非期到后泛非期的磨拉石沉积，其上不整合覆盖了较新的寒武系和古生代克拉通沉积。保存在稳定西非克拉通之上的 2000—1000Ma 的沉积为北非地区最老的前寒武纪沉积，而保存在活动性强的泛非造山带内的沉积通常不晚于 640Ma。

北非地区均见到了前寒武纪沉积。在摩洛哥见到了厚层前寒武系碳酸盐岩（含叠层石），陶丹尼盆地出露了沉积于前寒武纪地堑内的黑色页岩。阿赫奈特盆地、昔兰尼加盆地南部和穆祖克盆地钻遇了可能为前寒武纪的页岩、粉砂岩和砂岩。穆祖克盆地东缘，寒武系之下为前寒武系砾质和泥质砂岩。库弗腊盆地大型前寒武纪伸展构造，发育了厚达 1500m 的前寒武系，库弗腊盆地东部和西部边缘均出露了前寒武纪沉积。阿曼和沙特阿拉伯，前寒武纪地堑内沉积地层（Huqf 超群）含大量富有机质页岩和碳酸盐岩，是该地区非常重要的烃源岩，这些海相富有机质地层通常局限在半地堑和拉分盆地的低能较深水缺氧环境。

前寒武纪（约 600Ma），北非位于高纬度地区，遭受了至少一次大型新元古代冰川的影响。陶丹尼盆地南部厚 650m 的 Ma Bakoye 群发育了厚 500m 的互层状冰碛岩、冰川风成沉积以及冰水和冰海沉积，700Ma（Sturtian 冰期）和 600Ma（Vendian 冰期）两个大型全球性新元古代冰期与当时全球性海平面下降有关，而这两个冰期的突然结束，引起了快速海侵，之后变为温暖气候，沉积了后冰期碳酸盐岩。北非地区与阿拉伯地区的前寒武系具有可对比性。摩洛哥南部的反阿特拉斯地区、廷杜夫盆地北缘和陶丹尼盆地北缘出露的前寒武系广泛分布。

反阿特拉斯地区及奥加塔区发现新元古代末—早寒武世初地层，底部为厚 2000m 的蛇绿岩杂岩体，其上为 800m 厚的火山岩（安山岩、玄武岩和流纹岩）与砾岩和长石砂岩互层，顶部为 3000m 厚的地台型碳酸盐岩和碎屑岩。蛇绿岩杂岩体包括与深水浊积有关的黑色页岩，沉积于大陆斜坡或边缘底部。该深水海洋盆地是约 790Ma 时沿西非克拉通北缘发生裂谷作用而形成的，与罗迪尼亚超大陆的裂解有关。盆地沉积后拼合到 Bou Azzer 蛇绿岩带中，于泛非期发生变形。在反阿特拉斯地区，下寒武统层序内广泛发育黑色含沥青叠层石灰岩。其他北非前寒武系中也广泛分布有类似的叠层石灰岩，通常与硅质碎屑沉积互层，尤其在阿尔及利亚西部奥加塔区、毛里塔尼亚南部和东部、马里西部和阿尔及利亚南部的陶丹尼盆地北部最为发育。890—620Ma，陶丹尼盆地内沉积最为发育，以互层状叠层石碳酸盐岩和硅质碎屑岩（夹黑色富有机质页岩）为主，沉积于西非克拉通周围以及与裂谷作用和半地堑有关的低地形克拉通背景下的浅海中。穆祖克盆地的露头和盆地北部的探井中，见到了前寒武系砾质和泥质砂岩、粉砂岩层序，露头上层序底部 10m 为基底片岩和红色砂岩基质，可能为冰川成因。

库弗腊盆地东、西缘前寒武系相似，西缘露头由 70m 厚的细粒砂岩（底部为砾岩）

组成，代表辫状河—冲积平原沉积；盆地东缘的地层因与古近系—新近系 Jebel Arknu 火山岩杂岩体接触而强烈变质，但也包括与盆地西缘类似的硅质碎屑岩层序（含铁石英岩、砾岩、砂岩和长英质砂岩）。昔兰尼加盆地南部钻遇了厚 600～900m 的前寒武系海陆相硅质碎屑岩。

东北非和阿拉伯前寒武纪的伸展运动是逃逸构造作用的结果，逃逸构造作用与东、西冈瓦纳大陆间的碰撞有关，该碰撞形成了泛非东非—南极洲造山带（图 2-19）。在阿拉伯地区，与碰撞有关的应力最终形成了宽 300～400km 的 NW—SE 向转换断层带，即纳吉德断裂系，左行位移达 300km 左右；与此相对应，在中非地区形成了 NE—SW 向的右行转换挤压断裂系（图 2-19）。阿拉伯地区纳吉德断裂系的走滑运动形成了一系列比较深的前寒武纪拉分盆地，其内充填了前寒武纪盐沉积，库弗腊盆地深部的前寒武纪地堑内的地震剖面资料也显示了类似的沉积充填。

前寒武纪纳吉德断裂系的运动，在埃及北部和西奈半岛伴随有 NW—SE 向伸展，埃及东北部发生裂谷伸展作用，沿约旦河谷发生次级裂谷伸展作用，从死海到土耳其东南部与纳吉德断裂系一起形成了一个“三联点”，中心位于西奈半岛附近（图 2-19）。利比亚也出现了前寒武纪的伸展，沿 Pannotian 缝合带发生了转换运动，产生了块断作用，库弗腊盆地和穆祖克盆地古生代形成了拉分盆地。

总之，泛非块体拼合后，在东非造山带内形成了各种类型的前寒武纪火山—沉积盆地，这些盆地的规模差别很大，较大的盆地在阿曼和阿拉伯湾，较小的盆地在非洲东北部，沉积地层的地质年代为 723—580Ma；这些盆地内的沉积展布表明，在造山作用最强烈的时期之后，发生了几次脉动式的伸展，新元古代晚期广泛发育的伸展作用，至少在局部地区因挤压作用和脆—韧性剪切作用而终止。这些盆地周围地形高，盆地充填粗粒沉积物，比较有代表性的沉积物是陆相红层。部分前寒武纪半地堑中，如阿尔及利亚南部的半地堑，是泛非造山带伸展垮塌作用形成的。反阿特拉斯造山带的沉积与伸展和半地堑发展有关，580—560Ma 发生了火山活动，伴随有 NW—SE 向伸展和平行于早期泛非缝合带的断层（走向为 100°～120°）上的左行斜向走滑。

泛非造山作用之后，冈瓦纳大陆北部发生了大范围的抬升和剥蚀，形成了范围很广的准平原，准平原从西部的摩洛哥延伸到东部的阿曼。泛非期的最后阶段在北非大部叠加了一组十分强烈的 NW—SE 向构造，影响了寒武系—奥陶系沉积。

四、古生代

显生宙以来，冈瓦纳大陆（图 2-21）在漂移的过程中，北非奥陶纪时位于南极附近。北非古生代沉积盆地的展布和构造格架（图 2-1—图 2-3、图 2-11）受基底构造控制。基底构造控制了古生代沉积展布和断裂走向，从西到东的古生代盆地展布方向发生改变（图 2-1、图 2-2），整体上表现为扇形形态。撒哈拉西部—霍加尔和奥加塔西北部，古生代盆地的走向为 NNW—SSE 到 NW—SE 向，与西非克拉通楔入形成的泛非缝合带和基底构造方向一致；向东到阿尔及利亚的撒哈拉北部和东部，盆地走向为 SN 到 NNE—SSW 和 NE—SW 向，与基底构造和剪切带再次活动及泛非增生构造有关；再向东到利比亚，古生代构造走向为 NE—SW 到 ENE—WSW 向（图 2-2）。

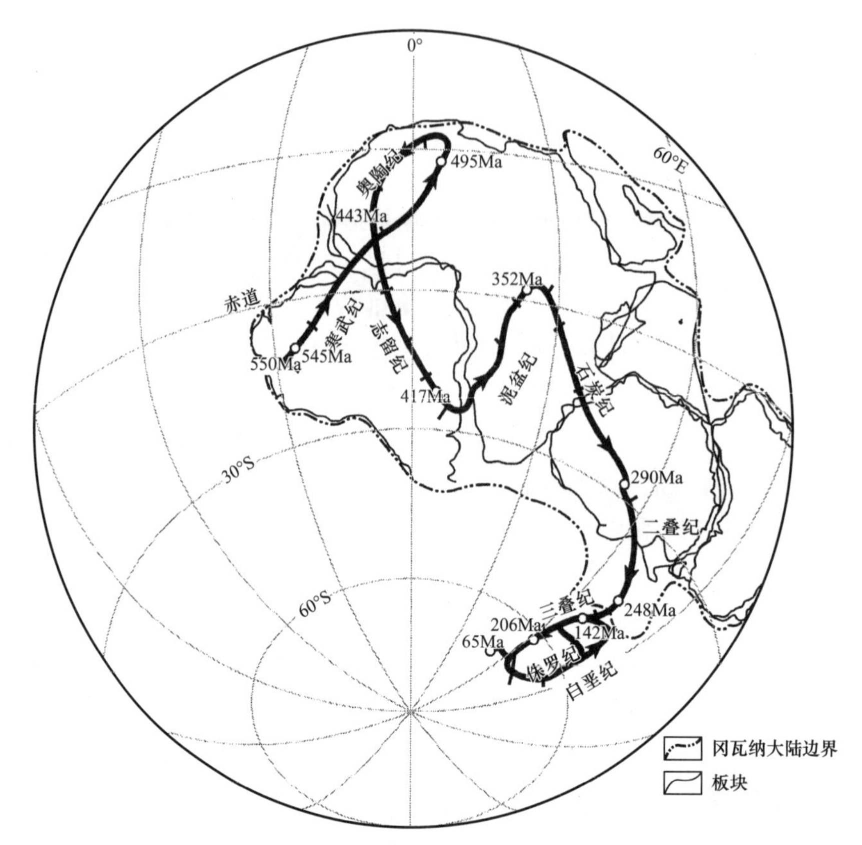

图 2–21 冈瓦纳大陆南极（APW❶）轨迹重建（据 Torsvik 等，2002，修改）

前寒武纪晚期，泛非构造运动结束后为区域沉降，局部发生了克拉通内裂谷作用和剥蚀作用，使早期构造形成了向北微倾的剥蚀面，北非地区沉积盆地构造平缓，形成北非“泛盆”，充填了近海—浅海相碎屑岩，偶见海相石灰岩夹层、陆相碎屑岩和火山岩（图 2–3）。

前寒武纪伸展阶段至晚石炭世海西造山作用时期，北非构造演化十分复杂，为宽阔、斜坡状北倾的冈瓦纳大陆被动边缘，沉积主要受因冰川作用所引起的海平面变化的控制。

寒武纪—中志留世，主干构造对沉积的影响作用微弱，未发生大型板块的碰撞或分离，只受先存断裂系板块内应力场的相互作用，局部发生了转换挤压和转换伸展作用。大型先存构造周期性、小规模构造活动使沉降作用不明显，后期边缘进一步演化为一系列构造起伏小的坳陷及高地。

自中志留世以来，盆地内及盆地间的地形高地对沉积起十分重要的控制作用，尤其 Tihemboka 隆起、Qarqaf 隆起和 Dahar 隆起的抬升，对上志留统 Akakus 组和泥盆系层序、岩相变化具有明显的控制作用。穆祖克盆地陡倾断层的两侧古生界变化幅度大（100～300m），寒武纪—石炭纪发生了伸展或转换伸展及挤压或转换挤压变形事件，对构造圈闭的形成影响较大（巨型 Elephant 油田）。早古生代，撒哈拉古生代盆地群是北非陆架体系的一部分，北非陆架体系在前寒武纪伸展阶段之后为坳陷（沉降）阶段。有的盆地形态表现为下部裂谷、其上坳陷的特征，即“牛头式”形态，导致地层厚度变化也呈现这样的规律性，如向库弗腊盆地边缘方向，寒武系—奥陶系变薄。自晚志留世—早泥盆世

❶ APW 为地球参考极点（Apparent Polar Wander）。

起，随着盆地间脊（地形高地）的抬升，撒哈拉盆地群的分化更加明显，而晚泥盆世—石炭纪，构造活动弱，沉积分化差异减弱。古生代，撒哈拉盆地内充填了厚度较大、颗粒较细的碎屑沉积，而盆地间的脊（地形高地）上沉积了厚度较薄、粒度较粗的地层，且发育多个局部不整合。

1. 寒武纪—奥陶纪

北非寒武系—奥陶系多为陆相和浅海相硅质碎屑岩，砂岩为主，含少量粉砂岩和页岩夹层；宽广的陆架环境沉积，其物源为南部大型冈瓦纳内陆，古水流方向为由南向北或由 SE 往 NW 向（图 2-22）。受泛非造山作用形成的挤压逃逸构造和造山后伸展垮塌作用的影响，北非地区沉积了海相和非海相砂岩，为“North African and Arabian Cambrian-Ordovician Quartaz Rich Sandstones”，即 NAACOQRS 沉积，分布广、厚度大。阿尔及利亚 Hassi Messaoud 巨型油田的主力储层和 Rhourde El Baguel 油气田的储层均为上寒武统—下奥陶统（O_1）石英砂岩，包括下奥陶统 Hamra 石英砂岩、寒武系砂岩，沉积于基底上的辫状河、三角洲和浅海环境，一般向上颗粒变细、分选更好且成熟度更高（图 2-12）。

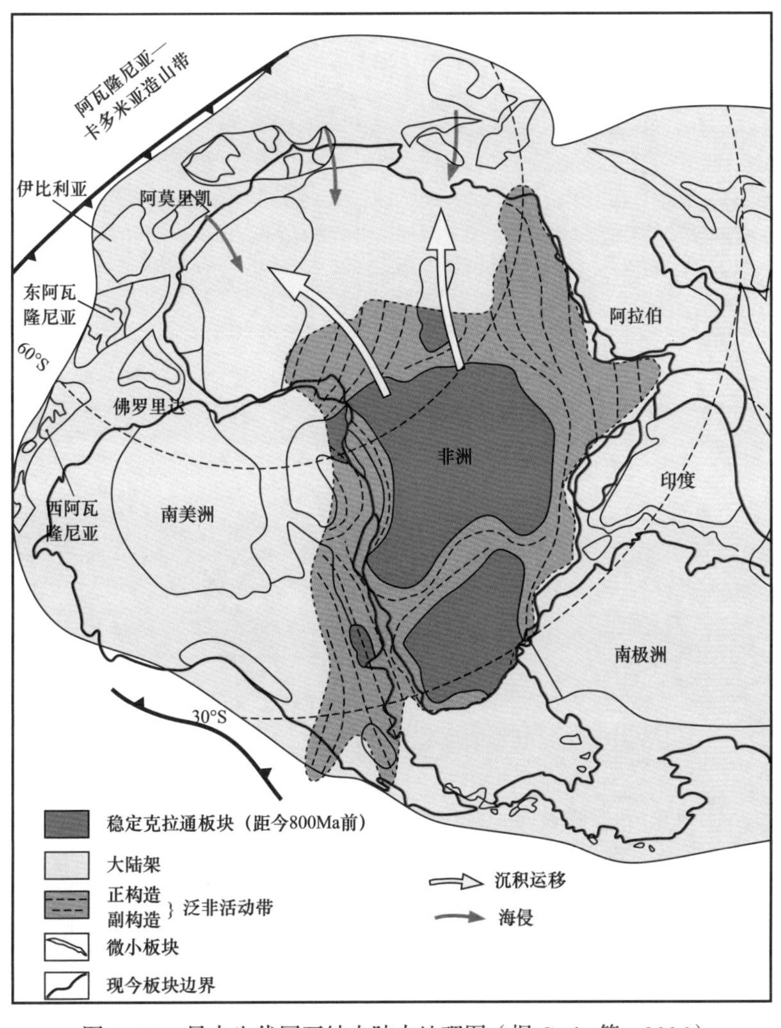

图 2-22 早古生代冈瓦纳大陆古地理图（据 Craig 等，2006）

1）寒武纪

早寒武世薄层不整合沉积在西非克拉通（元古宇沉积岩或变质岩）基底之上，由冰川沉积、海相碳酸盐层和陆相沉积单元构成，通常含火山灰。地层向北、向东增厚，同时冰川沉积尖灭。在大型泛非剥蚀带之上，沉积了磨拉石地层，主要保存在裂谷盆地中（图 2-23）。这些盆地在霍加尔地块西部比较发育，显然与 SN 向断层的重新活动有关。磨拉石地层厚度超过 6km，由长石质杂砂岩与叠层石灰岩和火山岩互层构成。磨拉石地层中也包含少量海绿石及叠层石，说明发生了短暂的海侵。539—523Ma 的同沉积陶里尔特（Taourirt）花岗岩侵入磨拉石地层中。

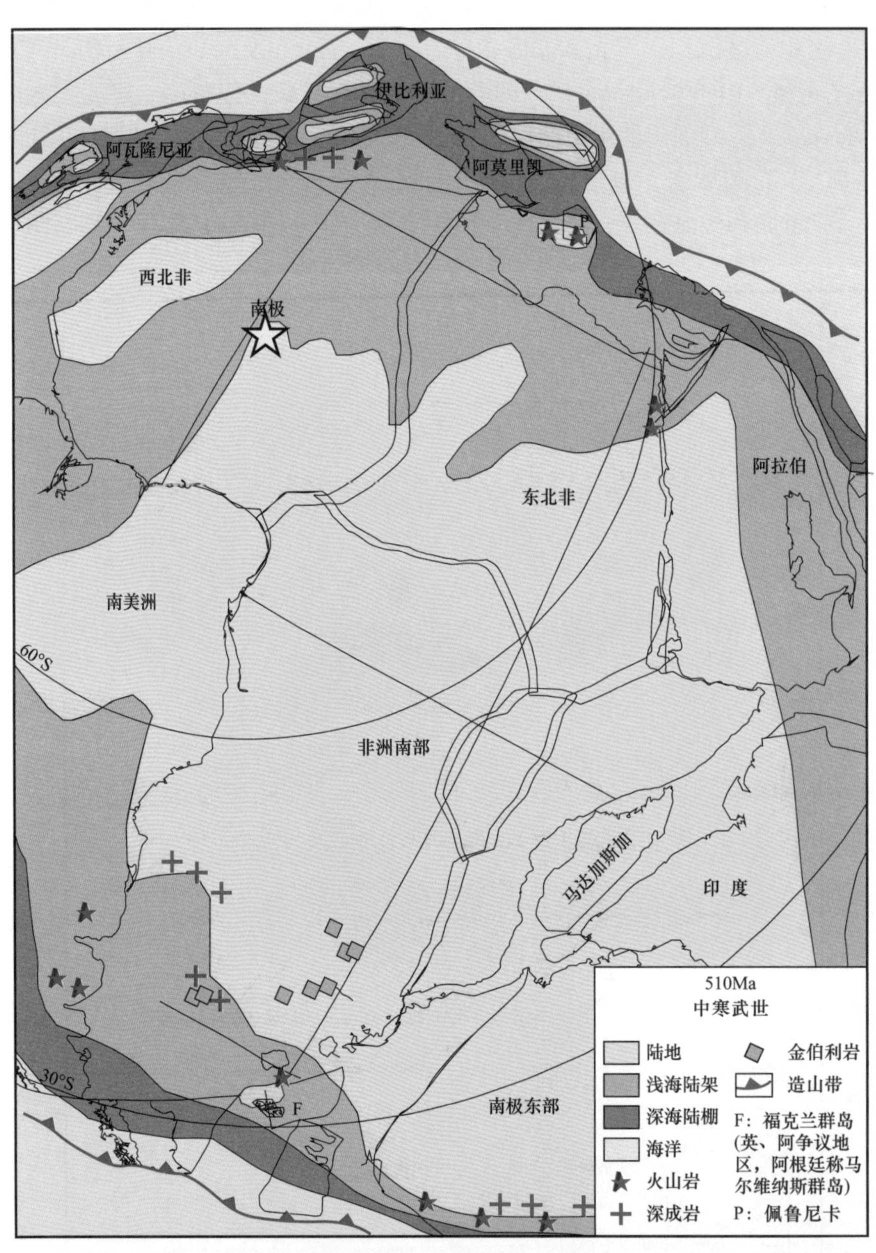

图 2-23　中冈瓦纳大陆中寒武世岩相古地理图（据 Torsvik 等，2011，修改）

在摩洛哥的高阿特拉斯和反阿特拉斯造山带、利比亚中部的 Dor El Goussa 盆地、尼日尔北部、昔兰尼加盆地、库弗腊盆地、埃及东南部和约旦南部的 Jafr 盆地见到了相似的同期厚层磨拉石盆地。阿拉伯东部发育了裂谷盐盆（Rift Salt Basin）。霍加尔省（Hoggar Province）裂谷盆地在早寒武世末期（520—518Ma）发生了强烈的挤压变形构造事件，产生了褶皱和面状劈理。泛非带—西非克拉通缝合带附近变形最强，该缝合带发生了重新活动，向北和向东逐渐减弱。同时（约 520Ma），沿西非克拉通西南缘发生了盆地反转和逆冲断层作用。此次挤压事件是泛非构造事件末期的构造作用。

早寒武世—中寒武世初，北非和西非形成了大型地台，现今大西洋边缘延伸到阿拉伯（图 2-23），中—晚寒武世为陆地、边缘海和海洋沉积，沉积了河流相或河口湾相砂岩，如利比亚的 Hassaouna 组，向摩洛哥方向渐变为页岩。沉积厚度一般为几百米，沿部分古生界持续发育的 SN 向或 NE—SW 向高地（阿尔及利亚的 Amguid El Biod 隆起）沉积厚度减薄，而沉降盆地内的沉积厚度要厚一些。少数几个地槽活动，尤其是摩洛哥的梅塞塔盆地沉积了厚度超过 4km 的中寒武统斜坡环境页岩、砂岩和火山岩。寒武纪—奥陶纪之交的（萨迪事件）构造事件沿北非边缘发生了短暂的海平面下降，在北非形成了沉积间断或轻微不整合，如沿北非地台、廷杜夫盆地、陶丹尼盆地及毛里塔尼亚逆冲带褶皱。向南，在扎伊尔盆地也见到了同时期的不整合面。向北，最强烈的变形出现在古特提斯洋区的南缘，说明此次事件相当于较小规模的板块尺度事件。

2）奥陶纪

在奥陶纪，埃及北部和苏丹以陆相沉积为主（图 2-24、图 2-25），侵入了众多的岩浆岩体，导致了广大地区的抬升，如乌姆奈特或努比亚地区。向西，沉积了河流与浅海相砂岩，向摩洛哥方向渐变为页岩。早特马豆克期（O_1）发生了海侵，到晚奥陶世早期（O_3）发生了小规模海退。库弗腊盆地、昔兰尼加—锡尔特盆地边缘北部和古达米斯盆地北部，奥陶系厚度可达 1200m，在发育近 SN 向高地的地方厚度有所减薄，该套层序内频繁出现的间断及与下伏地层的微角度不整合，说明发生了加里东期小规模构造事件（中奥陶世），形成了转换挤压变形，沿霍加尔地块 SN 向断层形成了拖曳褶皱。

奥陶纪末期（赫南特期），西冈瓦纳大陆出现了范围大、时间短的（0.5～1.0Ma）冰川（图 2-25），冰盖中心位于非洲中部（图 2-25），见冰川擦痕、冰川构造、冰碛岩、含微砾石页岩和千米级河谷等构造冰川沉积。阿拉伯半岛也见到了同期类似的冰川沉积。奥陶系顶部冰川成因的沉积是阿尔及利亚（Unit IV）和利比亚（Memouniyat 组）古生代盆地重要的储层。

大型 NNW—SSE 向构造控制阿尔及利亚东部和利比亚西部早古生代的演化，这些构造包括晚寒武世开始形成的 Tripoli-Tibesti、Tihemboka 和 Amguid El Biod 隆起，这些隆起将相似走向的地槽或地堑（包括 Dor El Gussa-Uri 和穆祖克—贾多地槽）分隔开，这些地堑或地槽在早古生代多次遭受海侵。

3）构造沉积特征及动力学因素

北非寒武纪—奥陶纪的伸展与前寒武纪罗迪尼亚（Rodinia）超大陆的裂解有关，此时，冈瓦纳大陆的北美边缘伸展破裂，形成了如阿瓦隆尼亚（Avalonia）、阿莫里凯

（Armorica）和波罗的（Baltica）等陆块（图2−26），这些块体分离的时间大致从晚寒武世到晚奥陶世。阿瓦隆尼亚块体沿现今西非海岸线从冈瓦纳大陆上裂离形成了雷奇洋，而阿莫里凯块体位于现今北非海岸线附近。阿瓦隆尼亚陆上已识别出四个晚寒武世—晚奥陶世沉降事件。阿雷尼格期—兰多维列世，阿瓦隆尼亚块体从冈瓦纳大陆分离。特马豆克期（O_1）的沉降是转换伸展形成岛弧的前提，两个大陆分离后，卡拉多克期（O_3）和阿瓦隆期末开始发育转换伸展构造。卡拉多克期的转换伸展事件与阿赫奈特盆地、伊利兹—古达米斯盆地和穆祖克盆地的变形时间一致，盆地内大型构造（包括Qarqaf隆起、Tihemboka隆起、Amguid隆起和Ahara隆起等）发生运动，SN向、NW—SE向和近EW向的早期构造发生地层上超，局部形成不整合。特马豆克期，阿瓦隆尼亚块体北缘开始向南俯冲、发生火山作用和转换挤压作用，标志着板块边缘由被动转为主动边缘。

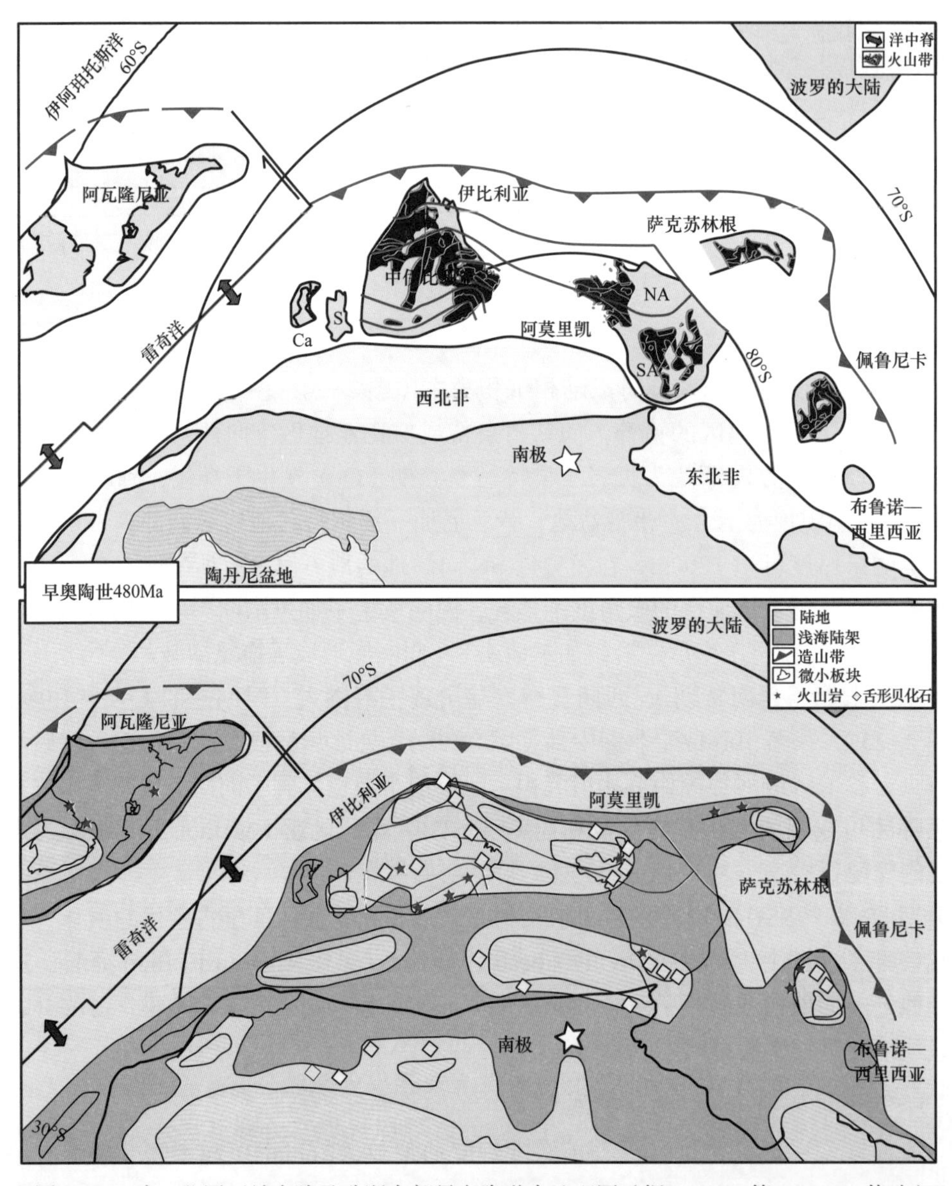

图2−24　中、北冈瓦纳大陆及欧洲南部早奥陶世古地理图（据Torsvik等，2011，修改）

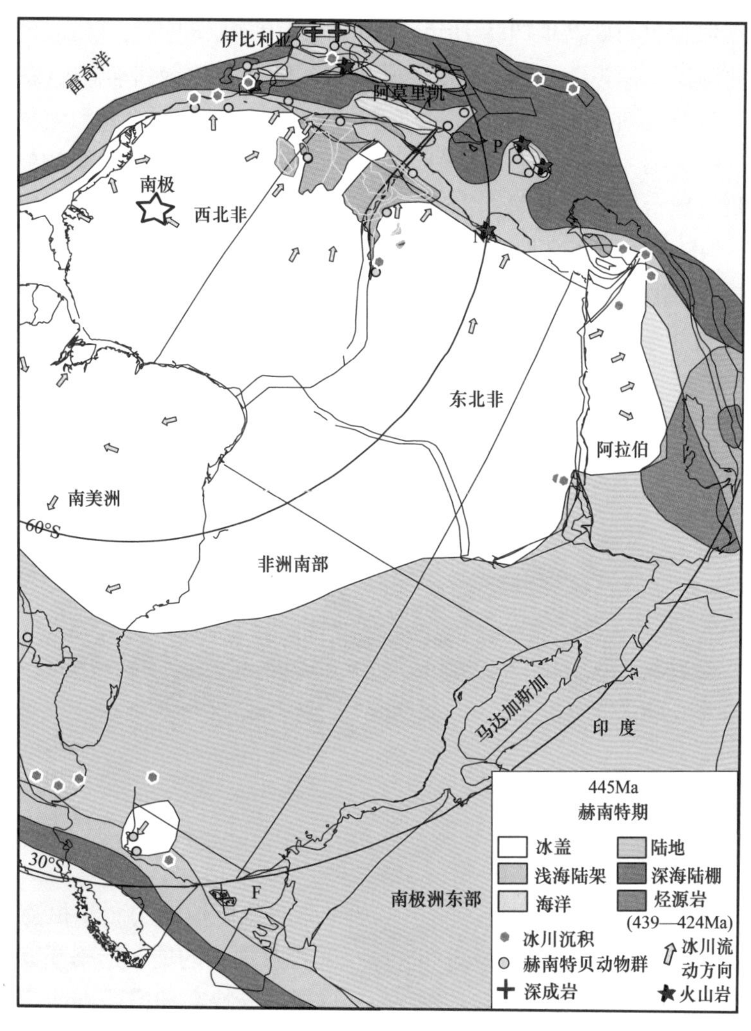

图 2–25　中冈瓦纳大陆晚奥陶世赫南特期（445Ma）古地理图（据 Torsvik 等，2011，修改）

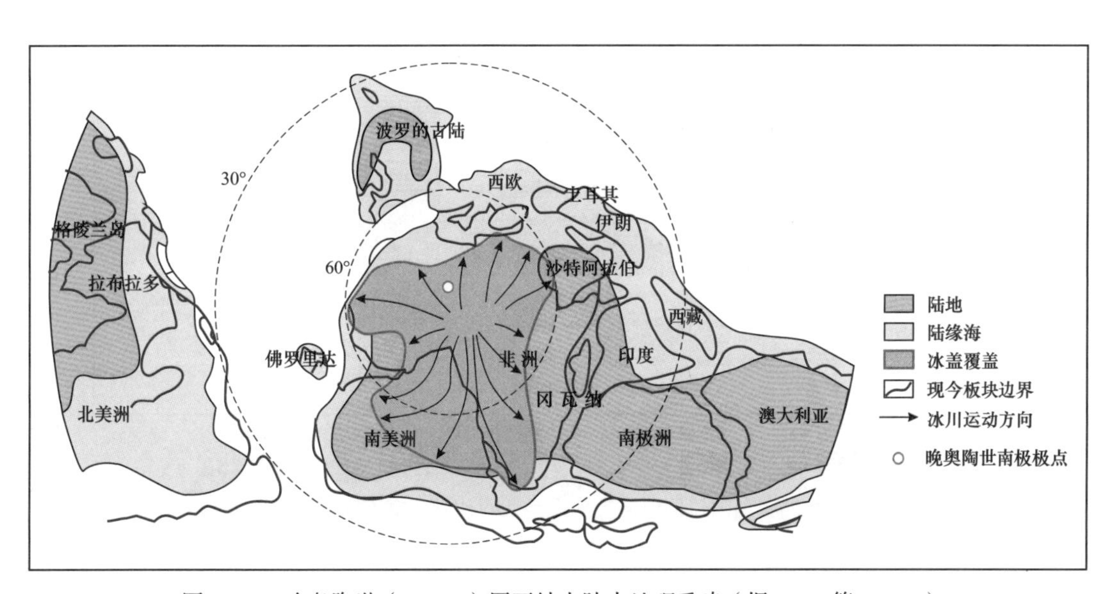

图 2–26　晚奥陶世（440Ma）冈瓦纳大陆古地理重建（据 Craig 等，2006）

古达米斯盆地和伊利兹盆地西缘 Brides 地区的火山岩层即代表该阶段的活动。兰多维列世（S_1）和卡拉多克期（O_3），在阿莫里凯与冈瓦纳北非边缘拼合体内发生了两期裂谷作用，开始形成古特提斯洋（图 2–26）。随着奥陶纪阿瓦隆尼亚块体和阿莫里凯块体从冈瓦纳大陆分离，冈瓦纳大陆的北非边缘处于弧后环境。冈瓦纳大陆北缘的伸展伴随有基性火山作用及撒哈拉地台向北的掀斜，古流向及向北海侵等反映了这次掀斜作用。早古生代发生向北和 N—NE 向的海侵，而在冈瓦纳大陆南部，沉积作用受基底构造和泛非构造周期性抬升或反转作用的控制。

北非地区早古生代总体为稳定的陆架环境，沉积了相似的寒武系和奥陶系，寒武系层序由韵律性、区域分布的厚层海侵河流—河口湾相砂岩组成，中—下奥陶统为互层状浅海相砂岩和页岩，可分成四个不同的可对比的层序，反映了奥陶系整体为全球性海平面上升背景下的二级海平面升降旋回（图 2–27）。早奥陶世，北非中部几个大型古生代抬升地区（包括 Ahara 隆起、Tihemboka 隆起）之上缺失寒武系，穆祖克盆地东缘露头上可见寒武系—奥陶系间局部地层发育不整合面。兰维恩期（O_2）构造活动性最强，尤其是在伊利兹盆地、古达米斯盆地南缘和 Qarqaf 隆起附近，断层作用和局部剥蚀作用形成了一系列较深的剥蚀地槽，晚奥陶世（赫南特期）冰川成因的沉积充填在这些剥蚀地槽中。断层作用控制了早—中奥陶世同构造或后构造沉积的厚度和沉积环境，晚奥陶世因冰川造成海平面下降及冰川下的剥蚀作用，使北非广大地区发育了塔康期（O_3）不整合面。冰川型沉积包括河流—冰川相砂岩，沉积于伊利兹盆地南部、莫伊代尔盆地、穆祖克盆地和库弗腊盆地内下切很深的古峡谷中，横向上过渡为冰海相含微砾石页岩（分选很差的砂质泥岩），它们充填于穆祖克盆地北部、伊利兹盆地、昔兰尼加盆地、古达米斯盆地、越过 Hassi Messaoud 脊的韦德迈尔盆地等塔康期不整合面之上的古低地形中。穆祖克盆地钻井和地震资料显示，下志留统烃源岩和上奥陶统储层的沉积及现在的展布严格受寒武纪—奥陶纪构造作用的控制。晚奥陶世局部冰川沉积在较早形成的断块高地遭受剥蚀。

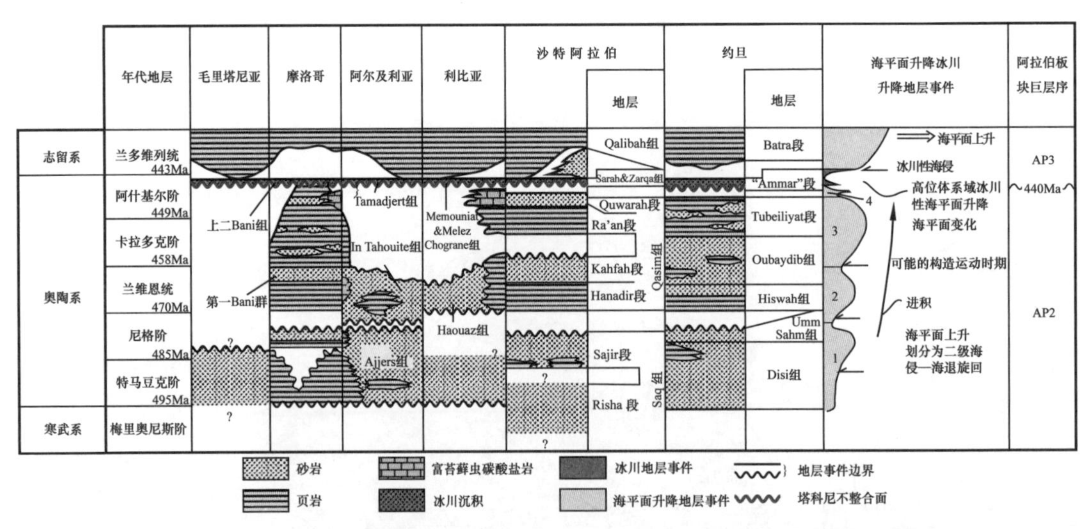

图 2–27　北非和阿拉伯地区奥陶系地层对比图（据 Craig 等，2006）

晚奥陶世冰川沉积分布广泛，见于北非、南非、阿拉伯半岛、南美和欧洲西南部等地区的露头及地下。冰川冰盖中心位于非洲中部，向外延伸到周围的大陆架上，其最大延伸范围与现今南极洲冰盖范围类似，横跨 65° 的古纬度范围，向北可延伸到南纬 30°。冰川作用使得海平面下降 50～100m，形成了世界性的大洋环流。

冰盖生长最初阶段为陆相，开始于早赫南特期，与晚奥陶世生物灭绝的时间一致（图 2-28），并形成了比较典型的动物群系，该动物群系保存在北非上奥陶统冰川成因的岩石中。后期冰川扩展到陆架区，在北非大部沉积了冰川影响的沉积。

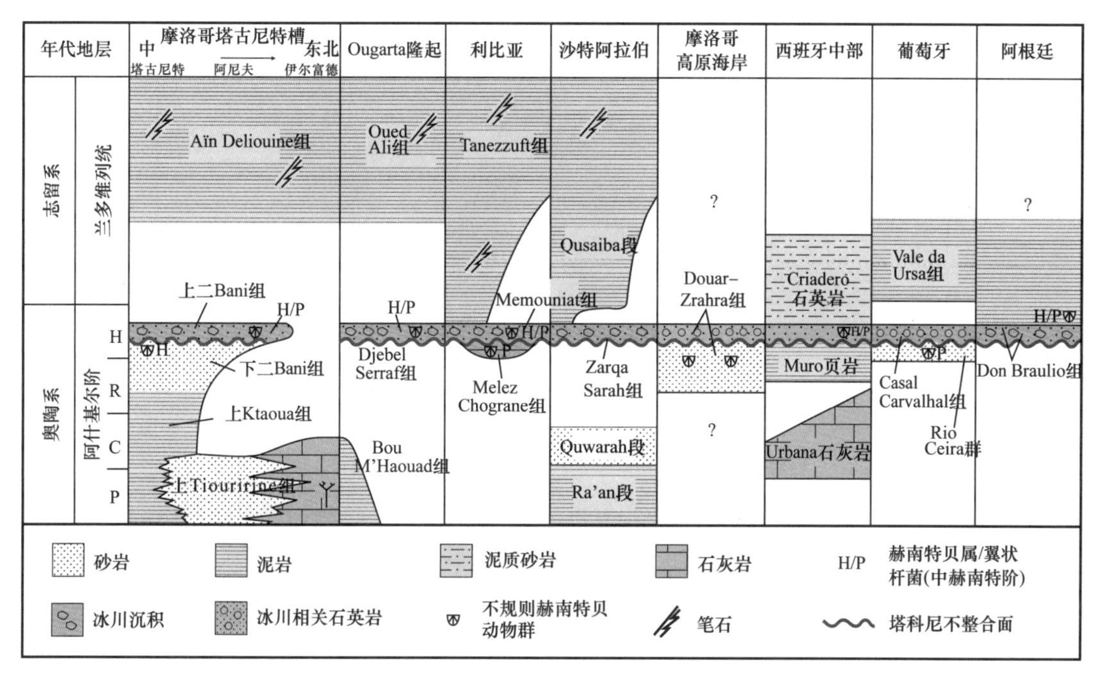

图 2-28　北非、沙特阿拉伯、西班牙中部、葡萄牙和阿根廷上奥陶统年代、生物地层剖面（据 Craig 等，2006）

北非地区上奥陶统保存了两个冰川退积层序，下部退积层序为向上变粗的冰海陆架沉积，沉积于冰川扩张期。上部退积层序之上为海平面上升的沉积，代表冰盖从陆架的崩塌及相应的海平面上升。晚赫南特期，北非地区冰川环境突然结束，冰期海平面上升，海侵到先前为暴露地表的陆架区。北非地区上奥陶统有两个冰川进积和退积旋回，冰川环境仅持续了约 20 万年。

上奥陶统冰川成因层序内不同沉积相具有明显不同的储层品质。邻近冰川的河流—冰川沉积和高密度浊流沉积是品质相对最佳的储层，而后冰川期海平面上升层序内向上变粗的沿岸沉积也具有较好的储层。冰川产生的沉积非均质性强，包括冰川下和冰缘褶皱逆冲带、冲蚀峡谷、软沉积负载变形构造、组内发育剪切面、脱水构造和微断层等，均对流体运移起障壁、阻挡或通道等不同的作用。

2. 志留纪

1）志留纪沉降（444—418Ma）

晚奥陶世冰盖的融化引起早志留世海平面的上升，上升幅度达 100m 以上，导致北非陆架遭受大规模海侵，向南到达马里、尼日尔和乍得北部（图 2-29、图 2-30）。以半深海相笔石页岩为主，而在区域性古构造或地形高地上沉积的是砂岩，或没有接受沉积。利比亚地区页岩（Tanezzuft 组）向西北方向总厚度增厚，从库弗腊盆地的 50m、穆祖克盆地的 500m 到古达米斯盆地的 700m，反映了砂质三角洲（Acacus 组）于兰多维列世—罗德洛世或普里道利世期间向西北方向的加积。

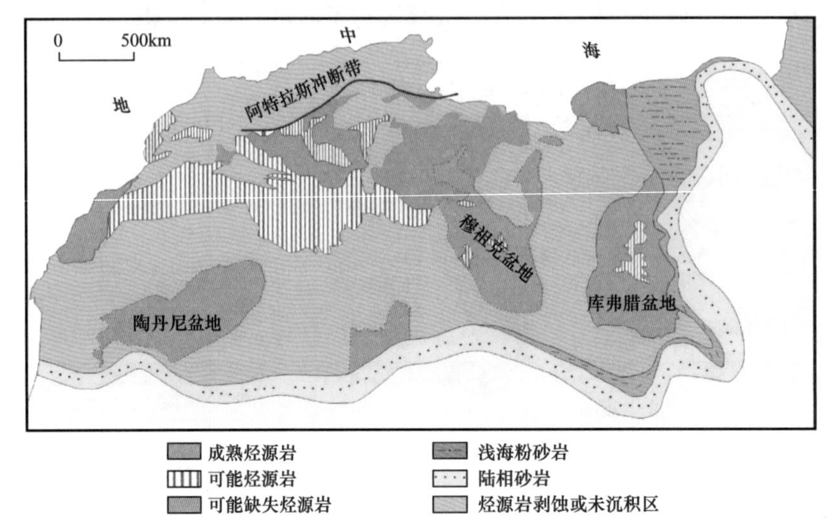

图 2-29　北非志留系 Tanezzuft 组岩相古地理分布图（据 Craig 等，2006，修改）

志留系 Tanezzuft 组主体包括在早兰多维列世（鲁丹期）和晚兰多维列世—早温洛克世两个时段内发生了缺氧事件而富含有机质的黑色页岩沉积，TOC 最高达 16% 以上。两个黑色页岩层中，较老的一个层段为早兰多维列世海侵古坳陷内的凝缩段。志留纪最早的地形受寒武纪—奥陶纪构造活动的控制，也受晚奥陶世冰川和后冰川过程的控制。志留系富有机质页岩为北非地区古生代最为重要的烃源岩，在阿拉伯半岛的沙特阿拉伯、叙利亚、约旦和伊拉克也发育了同期类似的黑色页岩。

阿尔及利亚和利比亚志留系底部富有机质的“热页岩”，局限于古地形为坳陷的沉积中心内。利比亚西南部，志留系“热页岩”局部上超在先存的断块边缘，但在其构造高部缺失。

晚志留世以砂岩沉积为主，如穆祖克—库弗腊盆地的浅海相 Acacus 组砂岩。志留纪末期—早泥盆世，因构造活动及全球大规模的海平面下降而导致沉积间断，使北非东部和中部海退形成浅海—陆相环境。沿岸沙坝、潮汐和河流相砂岩沉积是重要的储层，如阿尔及利亚的伊利兹盆地（F6）和古达米斯盆地（Tadrart 组）。摩洛哥北部陆架远端仍以海洋沉积为主。

2）志留纪构造沉积演化及地球动力学因素

志留纪以冈瓦纳北部被动大陆边缘持续沉降为特征，反映了冈瓦纳大陆、阿莫里凯块体、阿瓦隆尼亚块体间的古特提斯洋开始发育。北非地区在志留纪发生了相当明显的沉降，形成了北倾的被动陆缘，而主干构造的方向与板块边缘呈大角度相交。阿尔及利亚东部的其他构造，如 EW 走向的 Ahara 隆起，将古达米斯盆地和伊利兹盆地分隔，于志留纪期间保持活动，影响了局部沉积。

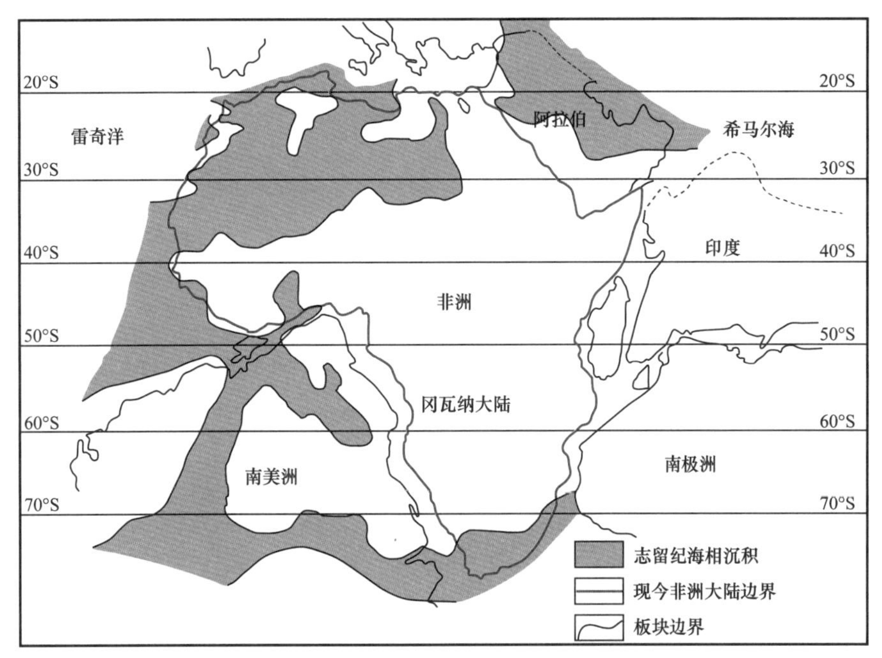

a. 早志留世冈瓦纳大陆简化古地理图(据Lüning等，2000，修改)

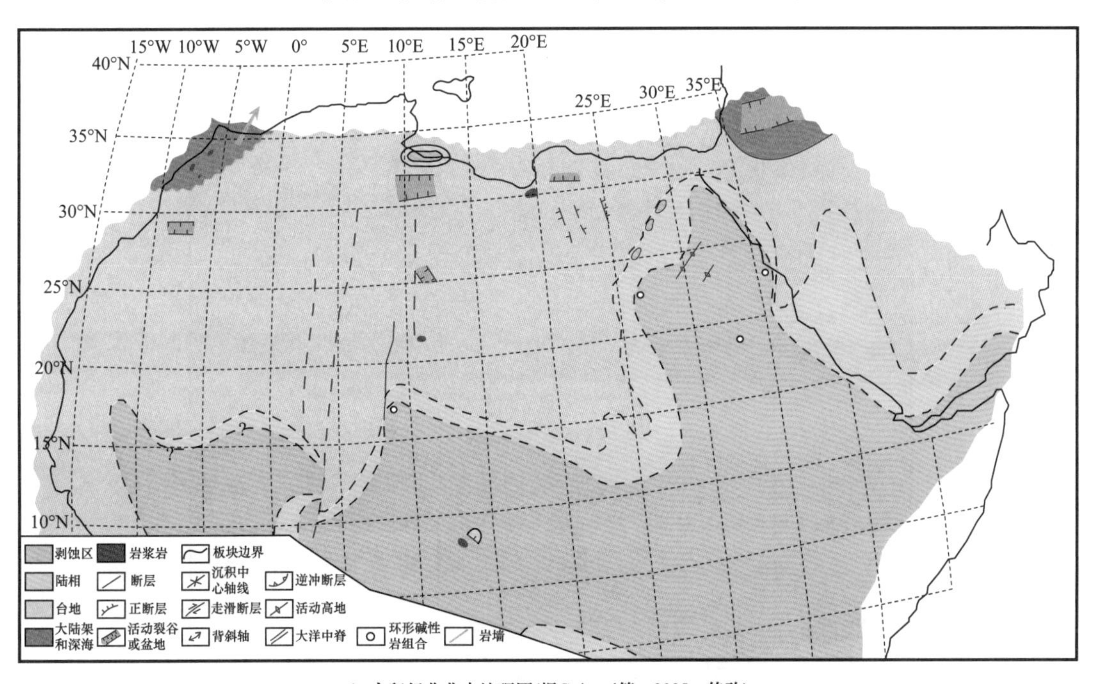

b. 志留纪北非古地理图(据Guiraud等，2005，修改)

图 2-30 冈瓦纳大陆及北非志留纪（443—417Ma）古地理图

志留纪末期，受劳亚大陆与南美大陆北缘碰撞的影响，即阿登造山运动（S_3），在北非地台的部分地区发生了不太强烈的变形。主要表现为 NW—SE 向到 NNW—SSE 向高地抬升，SN 向大型断裂带发生左行走滑，近 EW 向到 NE—SW 向高地发生褶皱作用，说明此时发生了 NW—SE 向的挤压，强度中等，与海西期构造强度相比要弱得多。

3. 泥盆纪

1）晚志留世—早泥盆世（418—398Ma）

早泥盆世后期海平面上升，导致北非中部沉积了陆架页岩和埃姆斯期（D_1，F4、F5）砂岩。早泥盆世以海侵为主（图2-31），其沉积下部为区域性分布的吉丁期（D_1）—齐根期（D_1）粗粒河流相为主的沉积（Tadrart组），之上为埃姆斯期（D_1）和艾菲尔期（D_2）—吉维特期（D_2）的细粒、浅海—近海沉积（Ouan Kasa组）。古达米斯盆地和库弗腊盆地中已识别出了埃姆斯阶顶部（D_1末期）广泛分布的一个不整合面（中阿卡德事件，与加里东事件相关的构造重新活动）。阿赫奈特盆地中见到了埃姆斯期的基性火山岩和侵入岩，在Tihemboka隆起之上的厚度变薄。

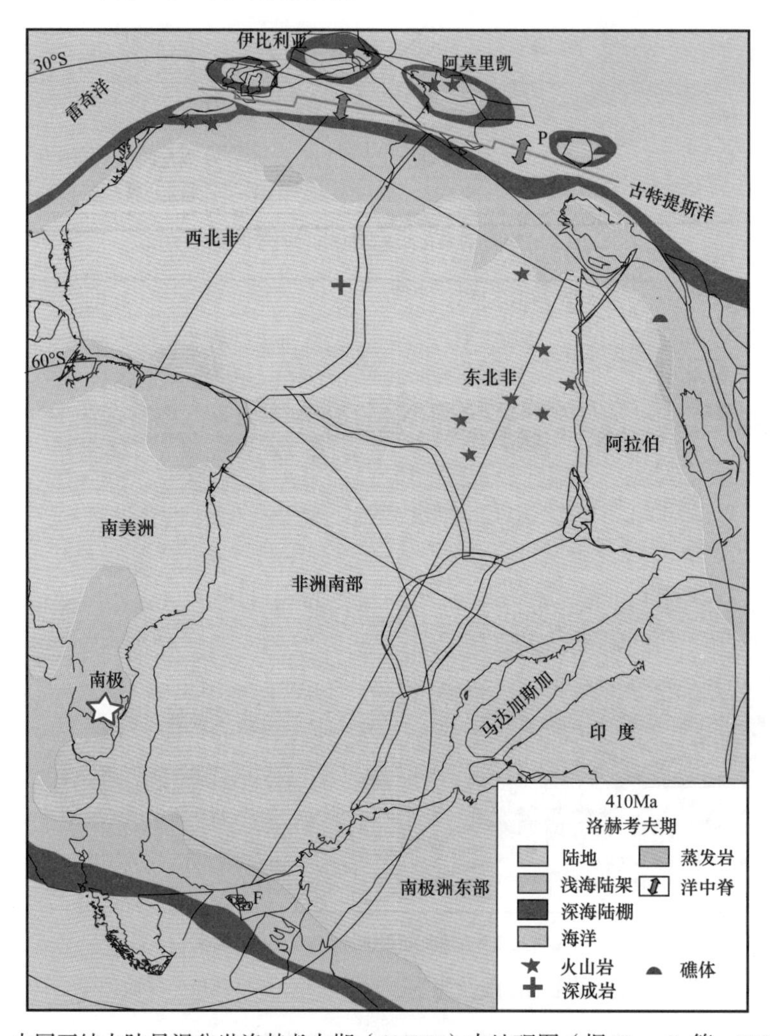

图2-31 中冈瓦纳大陆早泥盆世洛赫考夫期（410Ma）古地理图（据Torsvik等，2011，修改）

中泥盆世（图2-32），因为处于陆架的远端，加上后来部分硅质溶解，使摩洛哥和阿尔及利亚西部以碳酸盐沉积为主，包括泥质堤沉积，摩洛哥南部的Erfoud地区和阿尔及利亚中部的Azel Matti地区更为显著。再向东，沉积物过渡为更富硅质碎屑的艾菲尔阶—吉维特阶潮汐沙坝砂岩，是伊利兹盆地东部气田—凝析气田的主力储层（Unit FE）。

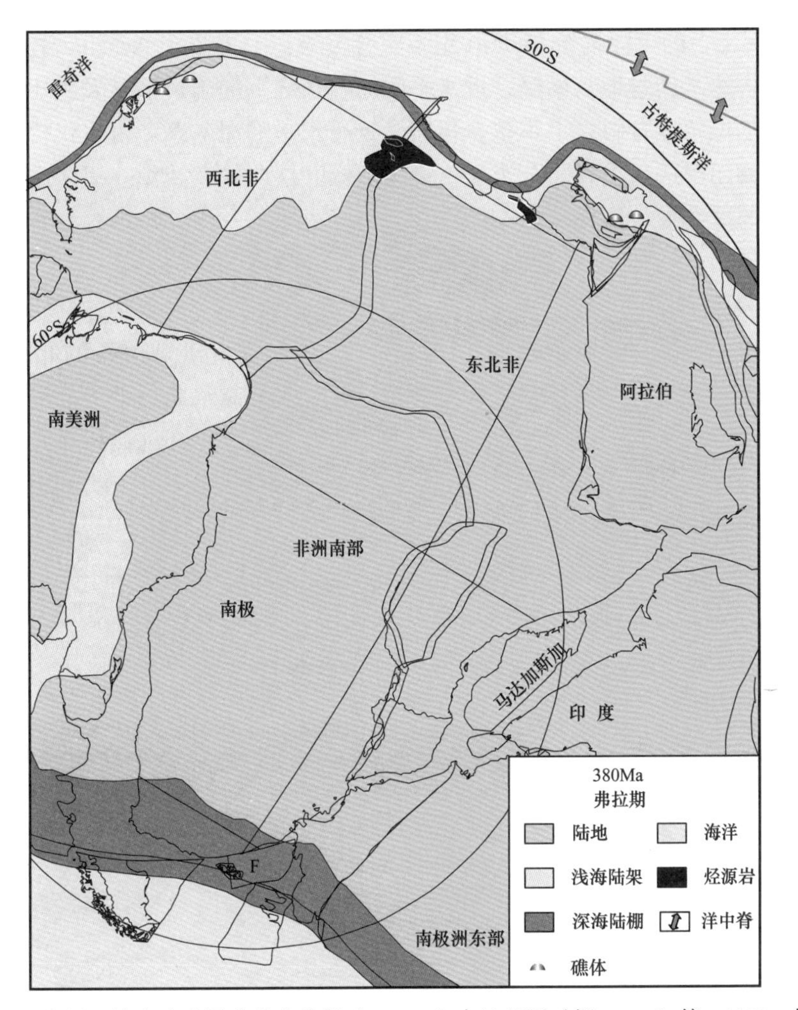

图 2-32 中冈瓦纳大陆晚泥盆世弗拉期（380Ma）古地理图（据 Torsvik 等，2011，修改）

晚泥盆世初期，海平面发生较明显的上升，使北非地区沉积了半深海页岩、粉砂岩和石灰岩。弗拉事件（Frasne Event）是一次重要的头足类动物灭绝事件，于早弗拉期（D_3）缺氧环境沉积了富有机质的页岩和石灰岩。阿尔及利亚、突尼斯和利比亚西部的古达米斯盆地西部分布的弗拉阶高放射性黑色页岩烃源岩，TOC 含量达 16% 以上。向东到利比亚古达米斯盆地，富有机质弗拉阶 Argile Radioactive 烃源岩变薄，横向上过渡为石灰岩—页岩混合相（上泥盆统 Cues 石灰岩），TOC 含量较低（2%～4%）。在摩洛哥南部和埃及西北部也发育了同时代的富有机质地层。

泥盆纪末期发生了大规模海平面下降，晚泥盆世（D_3）北非中部三角洲海向进积，形成了阿尔及利亚和利比亚西部重要的储层（F2）。

2）泥盆纪构造沉积演化及动力学因素

北非中部地区（利比亚西部、阿尔及利亚东部）晚志留世—早泥盆世发生了挤压作用，穆祖克盆地、Tihemboka 和 Qarqaf 隆起、古达米斯盆地西南缘及南缘发生大规模抬升，剥蚀作用强烈，上志留统不整合面局部下切到了寒武系—奥陶系。上志留统从 NE 向 SW 逐渐削截，使古达米斯盆地南缘上志留统沉积在晚志留世削截，伊利兹盆地中部及

Tihemboka 隆起之上的下泥盆统 Tadrart 组不整合覆盖在上志留统 Acacus 组。据地震资料，伊利兹盆地、古达米斯盆地东南缘，近水平的泥盆系之下的志留系常发生比较平缓的褶皱作用，志留系的低幅度背斜之上不整合覆盖了近于水平的泥盆系。古生代构造事件对穆祖克盆地的油气圈闭形成、发育十分重要。许多陡倾断层两侧寒武纪—奥陶纪和晚泥盆世—石炭纪地层的厚度突变，形成了大型构造圈闭，而志留纪—泥盆纪沿这些断裂系发生轻微挤压、转换挤压活动。

受冈瓦纳大陆中南美板块北缘和劳亚大陆南缘间碰撞的影响（早海西期造山事件），中泥盆世北非地区发生了变形（图 2–33）。中泥盆世沿摩洛哥的北非巨型剪切系（NAMS）在 N70° E 向挤压应力场作用下发生变形。中艾菲尔期和中泥盆世末期，古达米斯盆地、伊利兹盆地及附近的 Tihemboka、Ahara、Qarqaf 和 Brak–Bin Ghanimah 隆起抬升，形成了弗拉期不整合。Ahara 和 Tihemboka 隆起之上，弗拉阶（D_3）海相放射性页岩局部不整合上覆于上志留统 Acacus（F6）组。

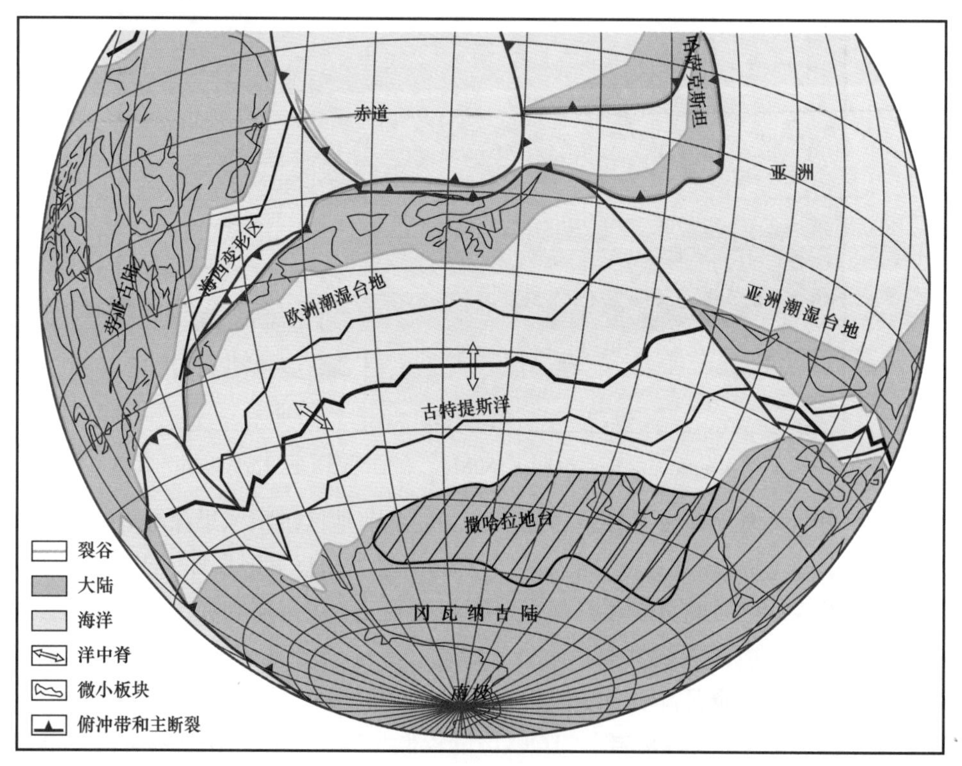

图 2–33　中泥盆世（380Ma）冈瓦纳大陆北缘和古特提斯洋板块重建（据 Craig 等，2006）

4. 石炭纪—二叠纪

1）*石炭纪*

石炭纪，西和西北向的海侵扩展到整个撒哈拉地区，许多隆起遭受剥蚀，石炭纪海相沉积不整合地覆盖在泥盆系之上。从 SE 向 NW 方向延伸到利比亚，由陆相砂岩渐变为边缘海相泥质砂岩及海相泥岩。维宪期，早石炭世海侵范围达到最大（图 2–34），其后经历了部分因海西构造运动、部分因石炭纪冰盖生长引起的海退。

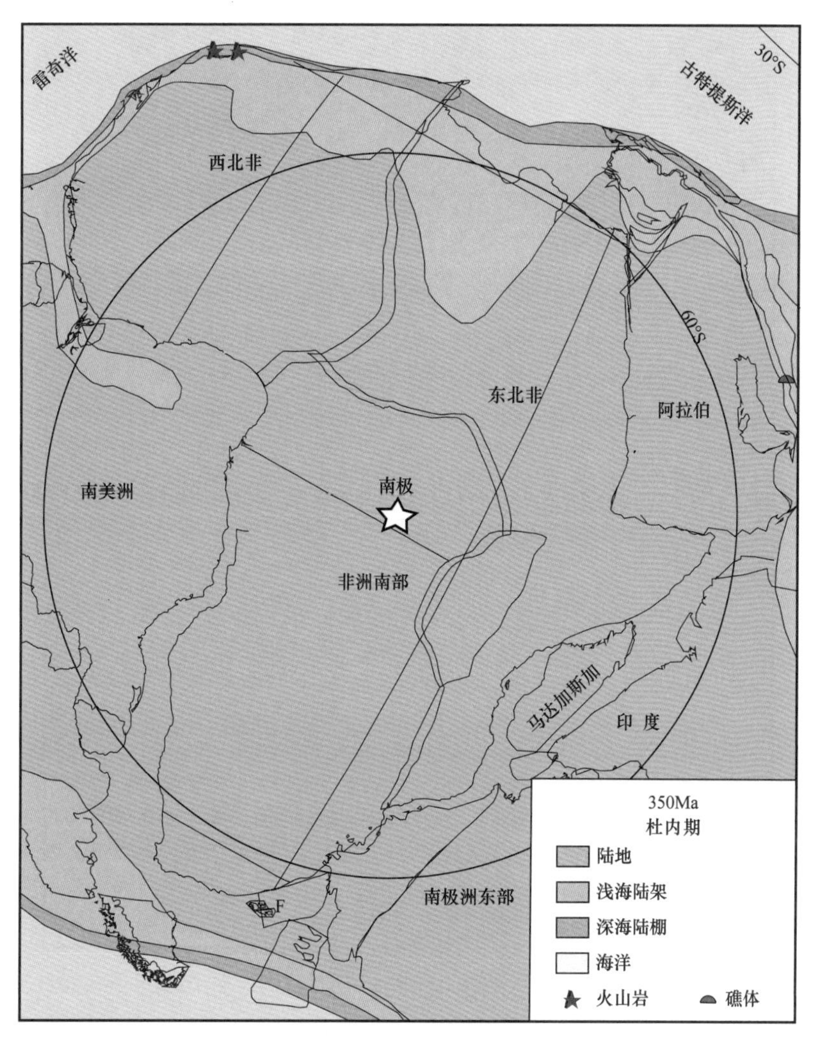

图 2-34 中冈瓦纳大陆早石炭世杜内期（350Ma）古地理图（据 Torsvik 等，2011，修改）

晚石炭世为浅海—湖泊沉积，东撒哈拉以三角洲碎屑岩为主，西撒哈拉为潟湖蒸发岩、礁滩相带或广海碳酸盐岩，向盆地中部逐渐过渡为厚层碎屑岩（图 2-35）。撒哈拉西部和南部局部地区出现了基性火山岩。石炭纪末期海西褶皱作用和逆冲断层作用期间，绝大多数西北非地区抬升，全部变成了陆相，撒哈拉地台南部，直到塞诺曼期均保持陆相，沉积了“Continental Intercalaire”沉积（图 2-36）。此时仅突尼斯和西奈半岛仍为海相。

2）二叠纪

摩洛哥到埃及的北非边缘，形成了早二叠世裂谷盆地（图 2-36）。这些裂谷中充填了厚层陆相（摩洛哥—阿尔及利亚）、海陆过渡相（埃及）或海相（突尼斯南部—利比亚西北部），而在撒哈拉地台南部局部沉积了薄层陆相（尼日尔北部 Tim Mersoi 盆地）。二叠纪，裂谷作用增强，随着新特提斯洋的打开，地中海东部边缘发生了沉降。晚二叠世（图 2-37），阿拉伯板块中部沉积了浅海相蒸发岩和碳酸盐岩。二叠纪，裂谷作用及沉积作用主要发生在非洲北部及东北部边缘，撒哈拉地台总体为剥蚀区。

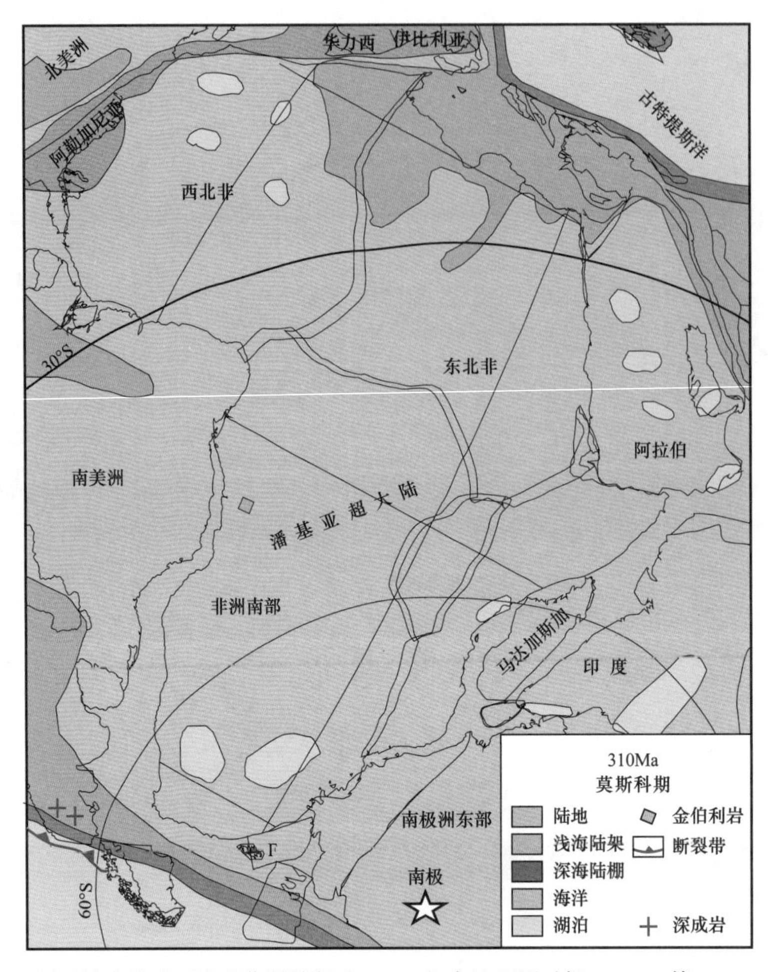

图 2-35　冈瓦纳大陆晚石炭世莫斯科期（310Ma）古地理图（据 Torsvik 等，2011，修改）

早二叠世晚期和晚二叠世，北非普遍以伸展作用为主，发生了岩浆活动（尤其在非洲西北部的努比亚区），喷发了大量碱性非造山杂岩体并造成了再次抬升。二叠纪—三叠纪，北非发生了小规模的构造活动，造成了轻微的抬升、穹隆或块体掀斜，部分走滑断层重新活动，这反映了可能发生在扎伊尔盆地向南的较强变形的远程应力效应。

3）海西造山运动

晚石炭世—早二叠世，古特提斯洋沿 Lawrence—Azores 剪切带（图 2-38）一线关闭，非洲和劳亚大陆发生碰撞，发生了海西造山运动，造成大规模抬升、剥蚀，北非古生代沉积作用结束。

碰撞作用包括大距离斜向运动，与冈瓦纳大陆相对于北欧发生了顺时针旋转有关，产生了由北（劳亚大陆东部为早石炭世）向南（阿巴拉契亚为晚石炭世）逐渐变形的前缘。挤压作用在非洲西北地区（阿尔及利亚西部的摩洛哥）产生了抬升和逆冲断层作用，而在邻近的前陆板内地区，产生了褶皱作用和反转作用。变形主要集中在摩洛哥西北沿岸和毛里塔尼亚地区，沿北非巨型剪切系尤其显著。Arthaud 和 Matte（1977）提出，北非巨型剪切系构成了规模更大的一条右行剪切带的一部分，该右行剪切带从阿巴拉契亚到乌拉尔，沿该右行剪切带若干个小型块体在海西造山作用期间发生转换挤压变形。

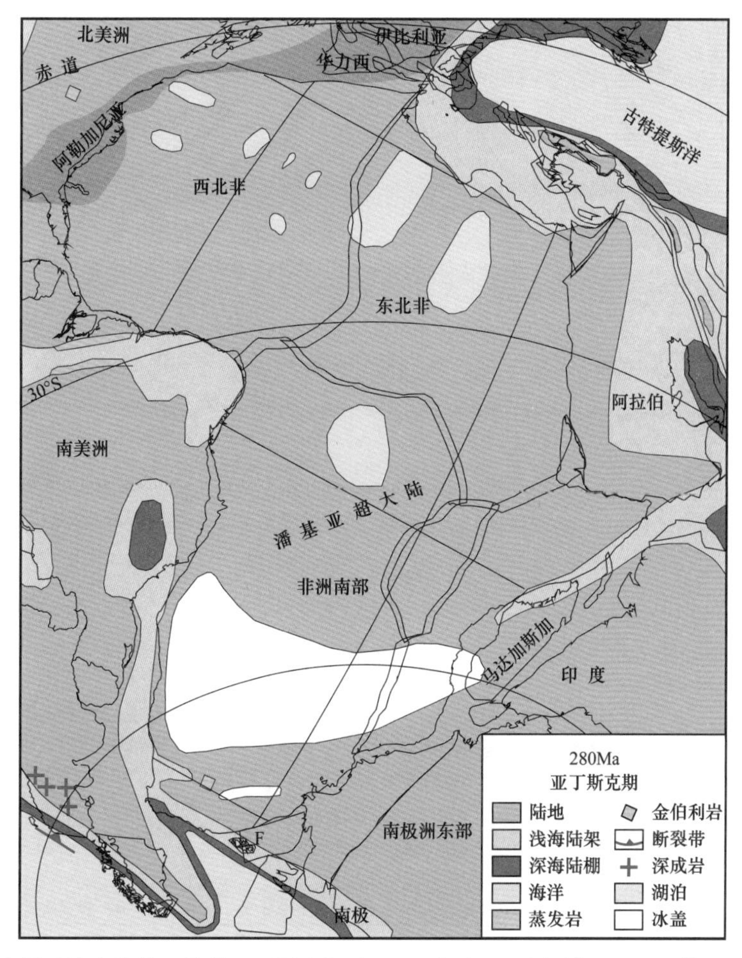

图 2-36　中冈瓦纳大陆早二叠世亚丁斯克期（280Ma）古地理图（据 Torsvik 等，2011，修改）

晚石炭世—二叠纪，海西造山带内发育了局部后造山、造山带内盆地，充填了河流—三角洲、河流—湖泊沉积，随后（早—中三叠世）海西褶皱带周围变形和抬升出露地表，发生了区域剥蚀。

海西造山变形作用使北非大部分遭受了明显的抬升和剥蚀，包括阿尔及利亚东部早古生代 Saoura—Ougarta 裂谷的反转、Reguibat 隆起的隆起等。此时，北非中部的多数大型构造隆起活动，包括古达米斯盆地东缘的近 EW 向 Telemzane 隆起、Dahar 隆起和 Charnian 隆起，利比亚东部分隔古达米斯盆地和穆祖克盆地的 EW 向到 WSW—ENE 向的 Qarqaf 隆起，分隔伊利兹—古达米斯盆地和韦德迈尔盆地的 SN 向到 NNE—SSW 向的 Amguid El Biod 隆起和 Hassi Messaoud 脊。

EW 向构造的活动性尤其强烈，局部地方将早期古生代构造改造殆尽。这在库弗腊盆地内尤其明显，晚石炭世—二叠纪，Uweinat 块体南部形成了一系列显著的 EW 走向的地槽。晚石炭世和早二叠世的拱（隆）起作用使得后来为锡尔特盆地的古生界大部分被剥蚀移走，也影响了提贝斯提高地、库弗腊盆地和 Nafusa 高地。阿尔及利亚的泛非期 4° 30′ E 剪切带沿 Amguid El Biod 隆起再次发生转换挤压活动，该转换挤压活动也使下伏泛非剪切带产生右行转换挤压，形成了一系列雁行排列的褶皱。穆祖克盆地中的构造运动学分析和地震资料解释表明，类似的海西转换挤压作用形成了巨型 Elephant 油田的构造。

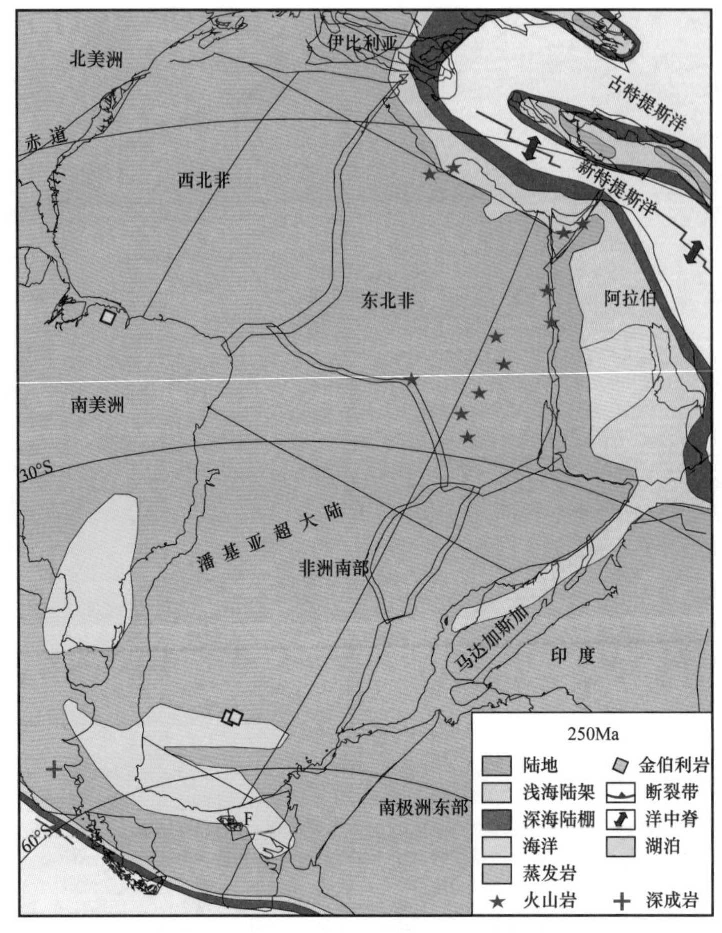

图 2-37 中冈瓦纳大陆晚二叠世（250Ma）古地理图（据 Torsvik 等，2011，修改）

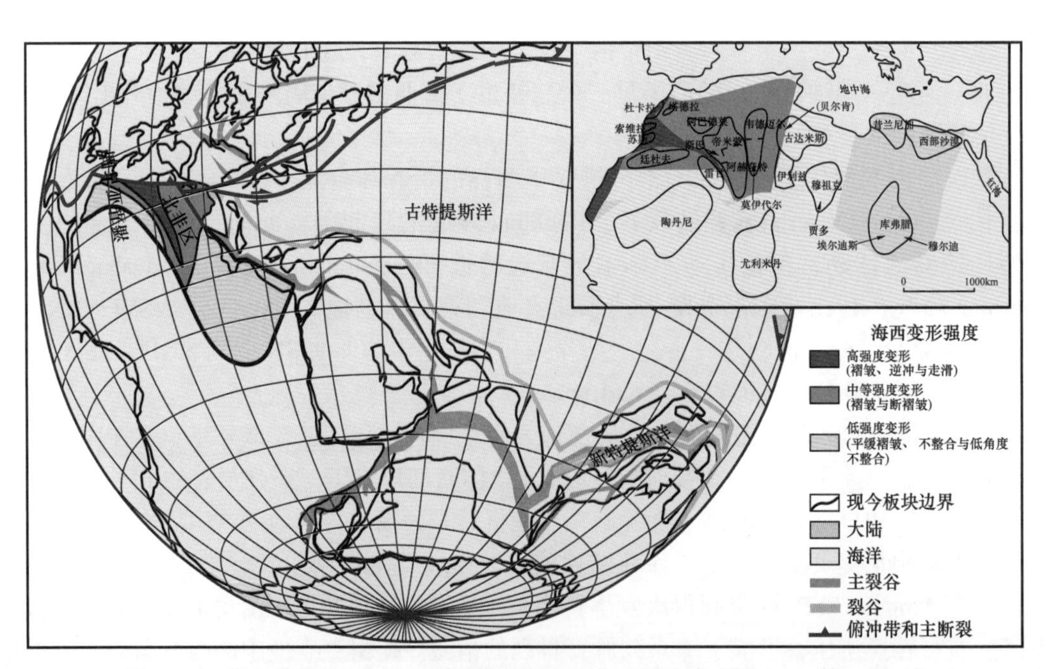

图 2-38 早二叠世（280Ma）海西运动期北非古地理重建（据 Craig 等，2006）

海西期北非地区的变形强度向东减弱，如阿尔及利亚的Sbaa盆地、阿赫奈特盆地、雷甘盆地、韦德迈尔盆地和莫伊代尔盆地内发生了明显的褶皱作用，并在背斜顶部遭受剥蚀，而在穆祖克盆地、昔兰尼加盆地、库弗腊盆地中，形成的是比较微弱的、小角度不整合与假整合等。

横撒哈拉断裂带（Trans-Saharan Zone）是一个重要的应变分区的边界，西部为典型造山前陆的褶皱和逆冲带变形，而东部为平缓褶皱和隆起变形。海西期宽广的褶皱叠加在早古生代构造轴部，形成了区域性的盆内隆起，如Qarqaf隆起、Amguid El Biod隆起和Talemzane隆起等，所有这些隆起部位都剥蚀到了寒武系层位上。古达米斯的贝尔肯盆地中，海西期不整合面强烈地下切了不同的古生界单元，可达寒武系—奥陶系，沿Hassi Messaoud脊轴部的部分地区还到达了前寒武系基底。向东到库弗腊盆地，同一个不整合面削截了NW向盆地内、NE—SW走向的抬升隆起上的志留系。

北非地区的海西期不整合面穿时性非常明显，阿尔及利亚和利比亚最西部，主不整合面发生于早二叠世（萨克马尔期P_1），位于奥顿期（Autunian，P_1）—斯蒂芬期（Stephanian，C_3）碎屑岩沉积之上。利比亚东部和埃及发育两个不整合面，一个位于早二叠世，另一个位于晚石炭世。再向东到阿拉伯，威斯特法期（Westphalian，C_2）—亚丁斯克期（Artinskian，P_1）碎屑岩沉积不整合地覆盖在较老的石炭系和前石炭系之上。埃及北部古生代沉积相类型表明，该处经历了逐渐抬升的历史，抬升开始于奥陶纪，石炭纪最强；此次抬升与埃及东部和苏丹北部长期活动的碱性岩浆岩区的发育有关，可能也与该地区早期废弃裂谷的发育有关。

海西造山作用期间，因这些抬升地区剥蚀产生的风化作用和裂隙作用，使该区埋藏很深的部分寒武系和奥陶系砂岩的储层品质有所改善。

北非地区，古生界主力烃源岩现今成熟度向东降低，与海西期变形强度降低的方向一致。摩洛哥和阿尔及利亚西部的志留系烃源岩成熟度一般为过成熟，海西构造作用之前开始生烃，而库弗腊盆地的相同烃源岩成熟度仅处于低成熟或未成熟。阿尔及利亚聚集了大量油气，可能与该处的海西期变形强度较强有关，有利于该地区的油气成熟并形成大量圈闭。

裂变径迹资料分析表明，Qarqaf隆起抬升前、埋藏较深的北部古达米斯盆地和南部穆祖克盆地，Tihemboka隆起抬升前、穆祖克盆地和伊利兹盆地间的阿尔及利亚东部和利比亚西部地区，海西期生成油气并发生了油气运移，海西期的Qarqaf隆起抬升了多达2～3km。非洲西北部，海西造山带重力垮塌及广泛发育的二叠纪—石炭纪火山作用也影响了北非地区的古生界油气系统。火山作用与附着在岩石圈底部的超级地幔柱的固着有关，岩浆将热释放到泛大陆之下，产生了大规模地幔尺度的向上对流，使超级大陆失稳，所造成的短暂热流对北非西北部的古生界烃源岩的热演化作用十分重要。

五、中生代

1. 三叠纪

1）三叠纪构造沉积演化

晚二叠世—早三叠世，北非的古地形没有发生明显的变化（图2-39），主要为剥蚀区。新特提斯洋逐渐打开并开始向非洲西北缘海侵至阿尔及利亚—摩洛哥一线，形成了陆相和海陆交互相。中—晚三叠世的裂谷作用使海侵通过海湾或潮道扩展到了阿尔及利亚、摩洛哥和西非及北美边缘间的几内亚和 Demerara 台地（图 2-39、图 2-40）。晚三叠世为河流相砂质页岩和湖泊沉积，其上沉积了侏罗系海洋和湖泊沉积及潟湖相蒸发岩（Popescu，1995），这些蒸发岩后期经历了底辟作用并有利于阿尔卑斯造山带逆冲活动。

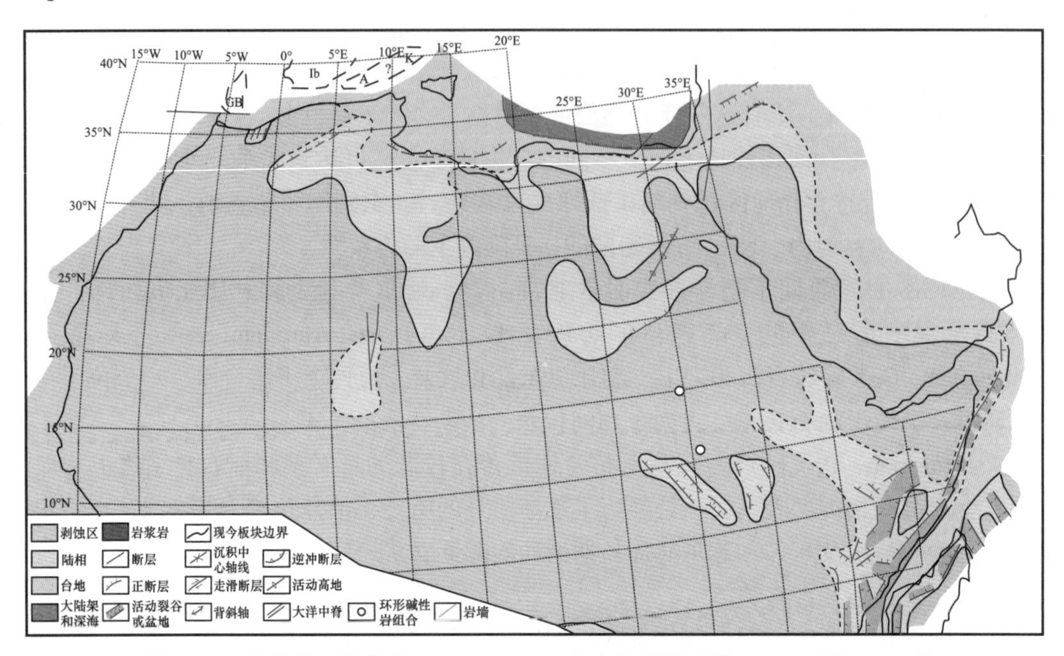

图 2-39　北非早三叠世（248.2—241.7Ma）古地理图（据 Guiraud 等，2005）

A—阿尔沃兰；GB—大沙洲；Ib—伊比利亚；K—卡比利亚斯

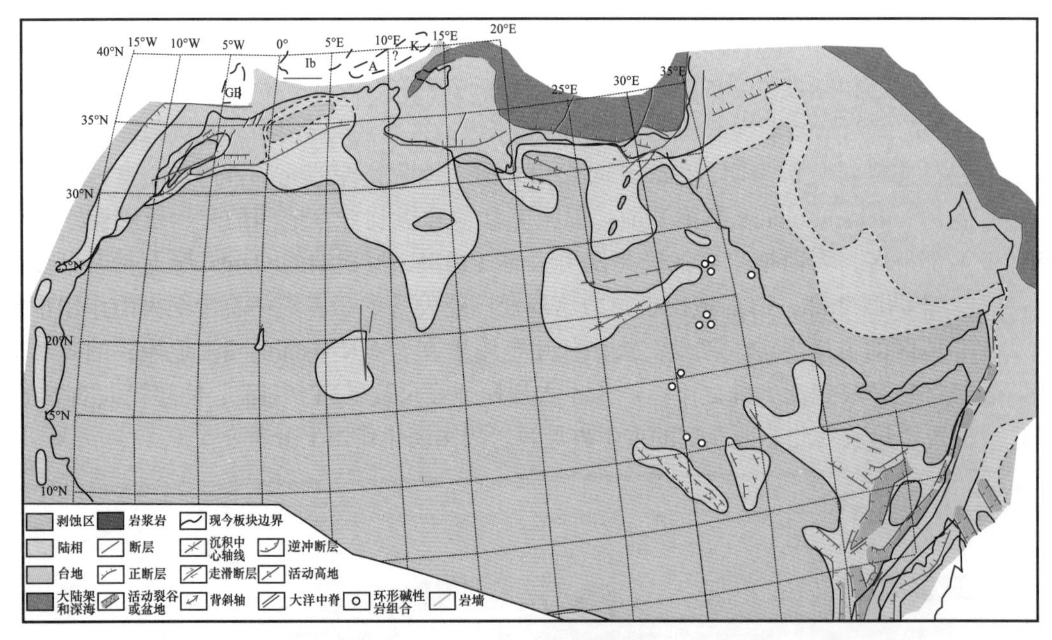

图 2-40　北非中三叠世（241.7—227.4Ma）古地理图（据 Guiraud 等，2005）

A—阿尔沃兰；GB—大沙洲；Ib—伊比利亚；K—卡比利亚斯

北非中生代的构造演化以三叠系、侏罗系和白垩系沉积向北增厚和后退楔沉积为特征，与现今阿特拉斯地区中大西洋和特提斯洋的打开有关。晚二叠世开始的裂谷作用，局限在北非西部、北部，而三叠纪—里阿斯期中大西洋的打开及土耳其—阿普利亚地块从东北非同时代的分离（图 2-41、图 2-42）导致北非大部分进入比较显著的伸展阶段，包括阿特拉斯地区、巴基斯坦到昔兰尼加的裂谷作用，利比亚海上、阿尔及利亚中东部的韦德迈尔盆地和贝尔肯盆地的伸展。这些裂谷作用与海西—阿巴拉契亚带的垮塌作用有关，也与随后中大西洋的海洋扩张产生的 EW 向或 NW—SE 向转换带切错地堑边缘有关。摩洛哥和阿尔及利亚北部，中生代发育了密苏里盆地、高阿特拉斯盆地和中阿特拉斯盆地等裂谷盆地，而利比亚北部的 NW—SE 向锡尔特盆地经历了至少三个中生代伸展旋回，分别发生于三叠纪、早白垩世和晚白垩世，主要成盆期为早白垩世。

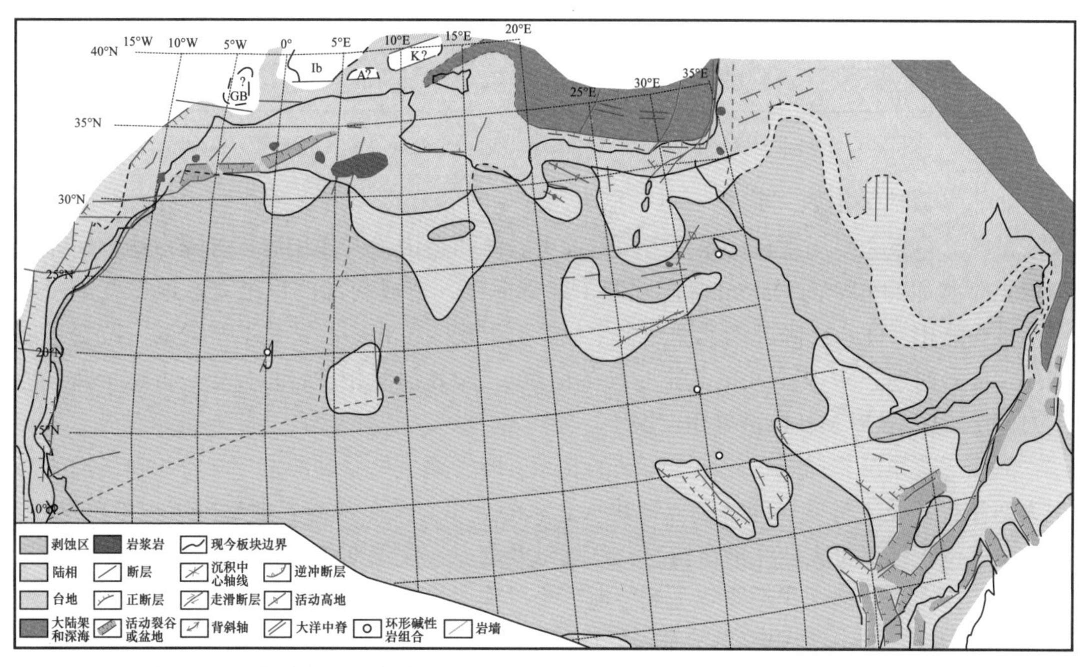

图 2-41　北非晚三叠世（227.4—205.7Ma）古地理图（据 Guiraud 等，2005）

A—阿尔沃兰；GB—大沙洲；Ib—伊比利亚；K—卡比利亚斯

中生代裂谷盆地的伸展作用开始于二叠纪末期，持续到三叠纪。侏罗纪，平行于特提斯洋和北大西洋打开方向的裂谷作用速度加快。早三叠世泛大陆的破裂和中大西洋的打开在撒哈拉地台产生了广泛的裂谷作用和火山活动。晚三叠世和早侏罗世，大西洋裂谷带南侧的 Bahamas 破裂带和北侧的 Cobequid—Chedabucto—Gibraltar 带之间的左行走滑运动在大西洋裂谷带两侧形成了 NNE—SSW 向、NE-SW 向长条状裂谷盆地，同时，特提斯洋海底扩张向西发展形成了其他的 NE—SW 向到 EW 向盆地。摩洛哥沿岸西大西洋的杜卡拉、索维拉、苏斯、Ifni 和 Tarfaya—Layoune 盆地属于大西洋裂谷系，而摩洛哥、阿尔及利亚北部的阿特拉斯裂谷系和利比亚北部、埃及西北部的 Jabel Akhdar—西部沙漠裂谷系为新特提斯洋打开时“夭折”的裂谷系。

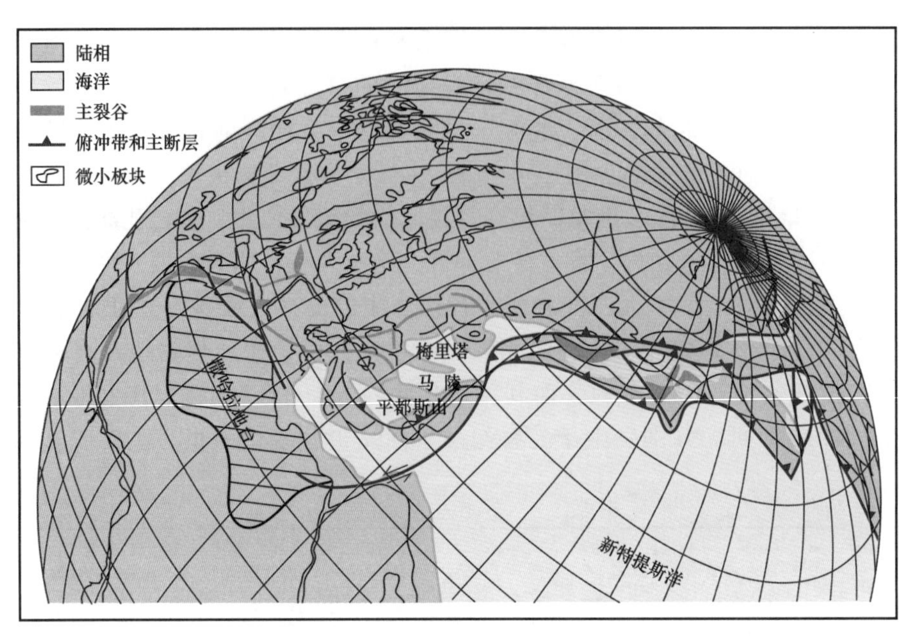

图 2-42 北非地区早侏罗世（200Ma）古地理重建图（据 Craig 等，2006）

北非多数地区出露二叠系—中三叠统，常见陆相红色碎屑岩（砂岩、页岩和砾岩）。摩洛哥的二叠系大多局限在一系列山间盆地中。海西造山抬升作用后，分隔古达米斯盆地和穆祖克盆地的 EW 向 Qarqaf 隆起隔断了北部海侵，造成南部的穆祖克盆地二叠纪—早白垩世为陆相。Qarqaf 隆起南北两侧中生代厚层沉积的沉积中心都是 EW 向的，改变了前期的“前海西期”NNW—SSE 构造走向的面貌。TAGI 河流相砂岩是三叠—古达米斯盆地主力储层（Hassi R′ Mel 巨型气田产层）。

海相三叠系沉积局限在北非中东部的北缘。晚三叠世—早侏罗世，阿特拉斯海湾（与中大西洋打开及土耳其—阿普利亚地块从北非的分离有关）的裂谷地堑内沉积了蒸发岩。蒸发岩区位于摩洛哥大西洋沿岸海上，从阿尔及利亚—突尼斯北部到突尼斯东部—利比亚西北部。绝大多数地区于侏罗纪（部分地区为早侏罗世）或白垩纪开始盐运动，在晚白垩世和古近纪—新近纪挤压事件中再次活动并加强。

上三叠统—下侏罗统蒸发岩和页岩在阿尔及利亚撒哈拉地台区厚 2km 以上，是三叠系储层的直接盖层，也是三叠—古达米斯盆地古生界储层的区域盖层。

中生代裂谷盆地中，三叠系开始为非海相砾岩、砂岩和砂质泥岩，其上为含石膏泥岩夹玄武岩层。该层序构成了海西期剥蚀面之上的一个薄层，通常充填于海西期不整合面的低地形中，在古构造高部位（阿尔及利亚东部的 Hassi Messaoud 和 Rhourde El Baguel 油田）上缺失。说明三叠纪的古构造高地仍保持相对地形高。较新的、厚 1.0～1.5km 的棕红色近海相砾岩、砂岩和上覆泥岩充填在近 EW 向和 NE—SW 向地槽及盆地中。碎屑岩层序向大陆西缘和北缘横向上变成厚层蒸发岩沉积。在拉尔勃、赛斯、Khemisset、Boufekane 和索维拉盆地及其海上部分的蒸发岩厚度尤其大。红层蒸发岩的上部层序或被玄武岩层覆盖，或与玄武岩层互层，玄武岩层厚 500m 以上。这些玄武岩的放射性年龄为 200—180Ma，属于里阿斯早期。

随着中—晚三叠世裂谷作用的开始，摩洛哥海西褶皱带演化为准平原，受到了NNE—SSW 向正断层和 EW 向到 NE—SW 向走滑断层的影响，这些断层则受到了直布罗陀破裂带和南阿特拉斯断裂带左行位移的影响。这两组断裂于三叠纪同裂谷地层沉积期间发生了几次重新活动，摩洛哥西北部，四个盆地（杜卡拉、Abda—Safi、索维拉和苏斯盆地）于此时形成。每个盆地的铲式正断层（东倾或西倾）为中部地垒、半地堑次盆两侧的边界。南部构成反阿特拉斯的海西褶皱带于中生代仍为明显的构造高地，提供相邻裂谷碎屑沉积物源。

向南到阿尔及利亚，同时代的裂谷控制了 TAGI 砂岩和上覆页岩、蒸发岩沉积，是志留系和泥盆系烃源岩生成油气的重要储层和盖层。摩洛哥索维拉盆地的 Meskala 油田的天然气藏圈闭在晚三叠世—早侏罗世地垒中，古生界烃源岩供油。阿尔及利亚贝尔肯盆地三叠系下—中 TAGI 砂岩储层的结构、厚度和品质明显地与准平原化的海西期剥蚀面形成的容纳空间有关。这些储层的下部单元上超在古峡谷和断层控制的低地形之上，这些地形地貌形成于不整合期间，但储层的上部 TAGI 单元明显地受 NE—SW 走向伸展断层的控制，这些断层开始为特提斯裂谷，早三叠世晚期、中—晚三叠世期间发育成断层。

这些大型三叠系正断层中的一条断层为阿尔及利亚东部 Rhourde El Baguel 油田的西界，沿古达米斯盆地活动断层控制了古达米斯盆地北部、Hassi Messaoud 脊上和西侧相邻的韦德迈尔盆地内三叠系火山岩的位置和分布。沉积于古达米斯盆地北部、贝尔肯盆地和韦德迈尔盆地内的砂岩的物源主要来自南部和西南部，海西期抬升的 Amguid 隆起和 Hassi Messaoud 脊，以及另外的如北部的 Dahar 隆起和 Chanan 隆起等海西期地形高地也为三叠系河流体系提供了部分沉积物。在后来的晚三叠世—早侏罗世蒸发岩地层（包括厚层三叠系蒸发岩、互层状蒸发岩和石膏，里阿斯阶蒸发岩、石膏和白云岩）沉积期间，许多板内地区的伸展断层仍旧保持活动，许多地区（贝尔肯盆地、Rhourde El Baguel 油田）的上盘断块和下盘断块之间的蒸发岩地层单元厚度有明显不同。

三叠系伸展断层的构造样式说明是由基底构造的重新活动形成的。盆地向南西方向合并，逐渐变成一个宽广的传递带，为 NW—SE 走向的断层。盆地北东界因后期裂谷盆地发育而变得模糊。

沿阿尔及利亚东北部法鲁斯带的东侧和东南侧的边界正断层，随着反转背斜构造发育，于阿普特期发生了盆地反转。SN 走向的 Amguid—Touareg 轴反转，产生一些走滑运动。中生代形成了构造高地，经历了几次反转。最重要的反转变形出现在阿普特期—阿尔布期，产生了与反转有关的背斜及反转断层。

2）三叠纪地球动力学因素

与新特提斯洋打开有关的局部伸展作用持续到晚侏罗世，在埃及西部沙漠区发育了一系列 NE 向到 ENE 向的裂谷，包括 Kattaniya 盆地，相邻的昔兰尼加地区发育了一些裂谷作用，阿特拉斯裂谷系进一步发展。

地中海东部的非洲边缘和黎凡特盆地也受到了这次构造事件的影响，自中三叠世起逐渐增强，产生了块体掀斜及局部抬升。这次活动与地中海东部盆地的形成有关，这些盆地底部发生了陆壳减薄或洋底扩张。沿地中海边缘，伴随裂谷作用或断层作用，发生了玄武岩溢流。陆内区，大型河流、湖相盆地保持活动，湖泛作用可向北扩展到穆祖克盆地和Dakhla盆地。断层作用和局部抬升作用形成的裂谷向这些盆地提供陆源沉积物。中三叠世在埃及南部—苏丹中部的努比亚和科尔多凡省（苏丹），再次发生了强烈的碱性岩浆活动。

“非洲之角”附近，Karoo盆地内发生了裂谷作用。在东北非边缘和马达加斯加—塞舌尔—印度边缘之间形成的狭窄三叉裂谷系的潮道内偶有陆相—海陆交互相。中侏罗世，在沙特阿拉伯东部形成了一个边缘海台地，晚三叠世发生海退，三叠纪末期大范围出露地表。

三叠纪末期，沿非洲—阿拉伯新特提斯边缘发生了较为平缓的构造活动，沉积地层中见到了多个不整合和间断，这次变形事件是影响黑海地区的始基梅里造山运动（Eo-Cimmerian）的远程影响。

2. 侏罗纪

侏罗纪发生的地球动力学、岩浆活动或岩浆事件包括（图2-43—图2-45）：西北非、非洲东部和埃及边缘发生裂谷或沉降作用；西地中海、中大西洋和索马里盆地洋区开始打开，其后形成北非稳定大陆边缘；全球海平面变化，钦莫利早期海平面上升明显，陆内河—湖相盆地范围缩小；早里阿斯期，中大西洋拉斑玄武岩浆活动；晚侏罗世努比亚和尼日利亚Jos高原有碱性非造山岩浆侵入。

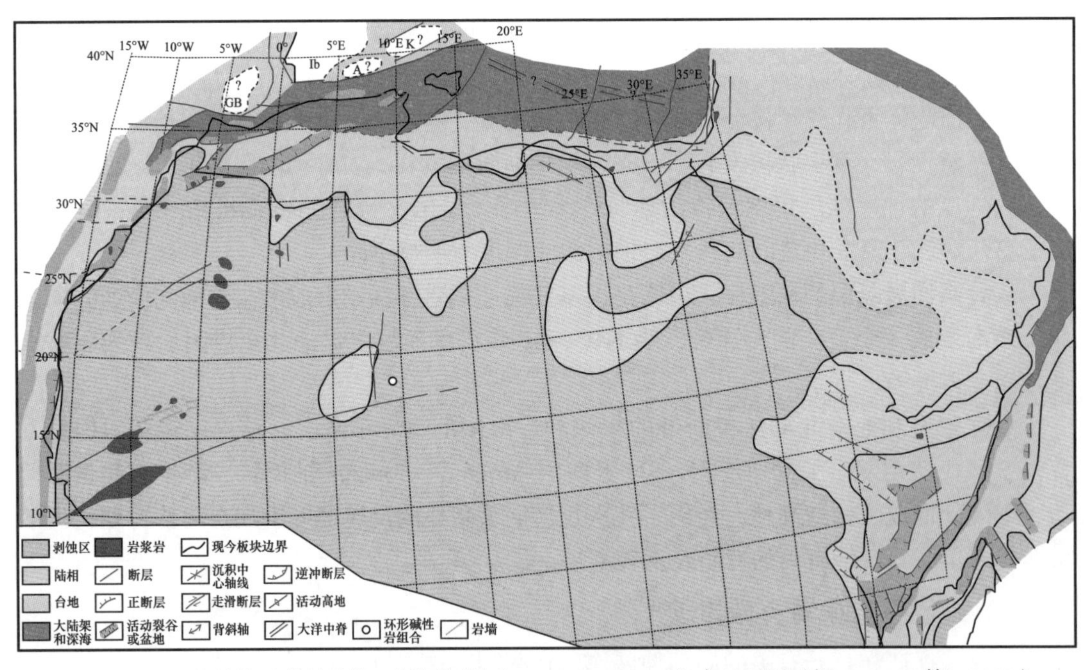

图2-43　北非早侏罗世赫塘期—托阿尔期（205.7—180.1Ma）古地理图（据Guiraud等，2005）

A—阿尔沃兰；GB—大沙洲；Ib—伊比利亚；K—卡比利亚斯

1）早侏罗世

里阿斯期，东特提斯边缘发生了块断作用（图2-42），海湾及海水侵入埃及西北部Dakhla盆地的北部，沿边缘发育狭窄的碳酸盐岩台地。

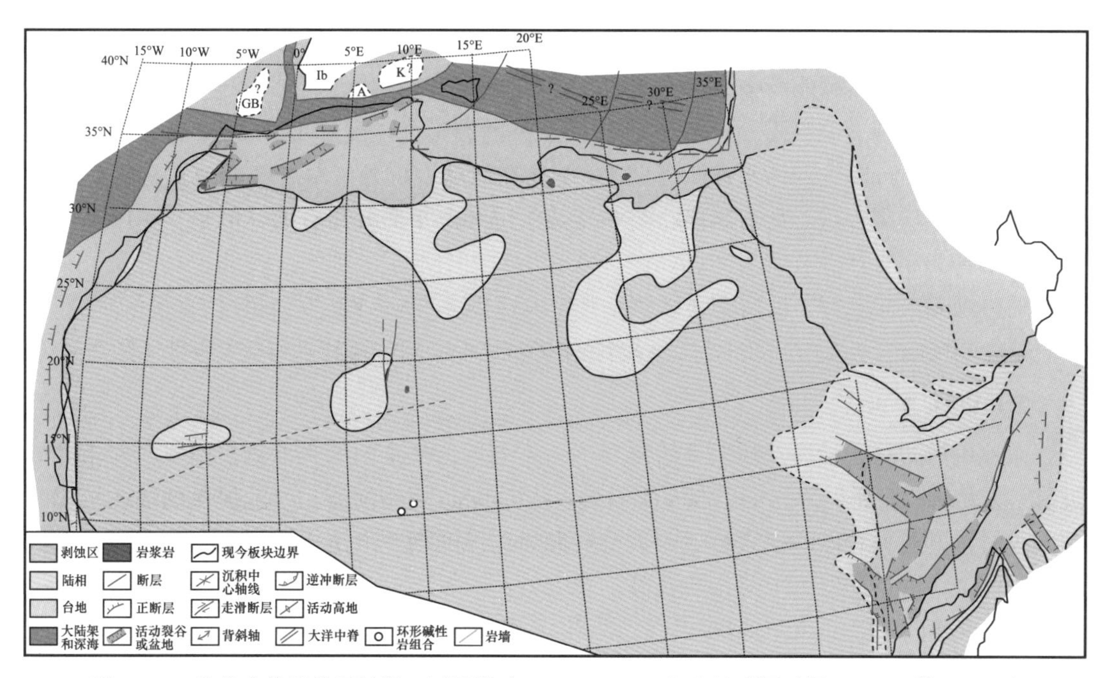

图 2-44　北非中侏罗世阿林期—巴通期（180—164.4Ma）古地理图（据 Guiraud 等，2005）

A—阿尔沃兰；GB—大沙洲；Ib—伊比利亚；K—卡比利亚斯

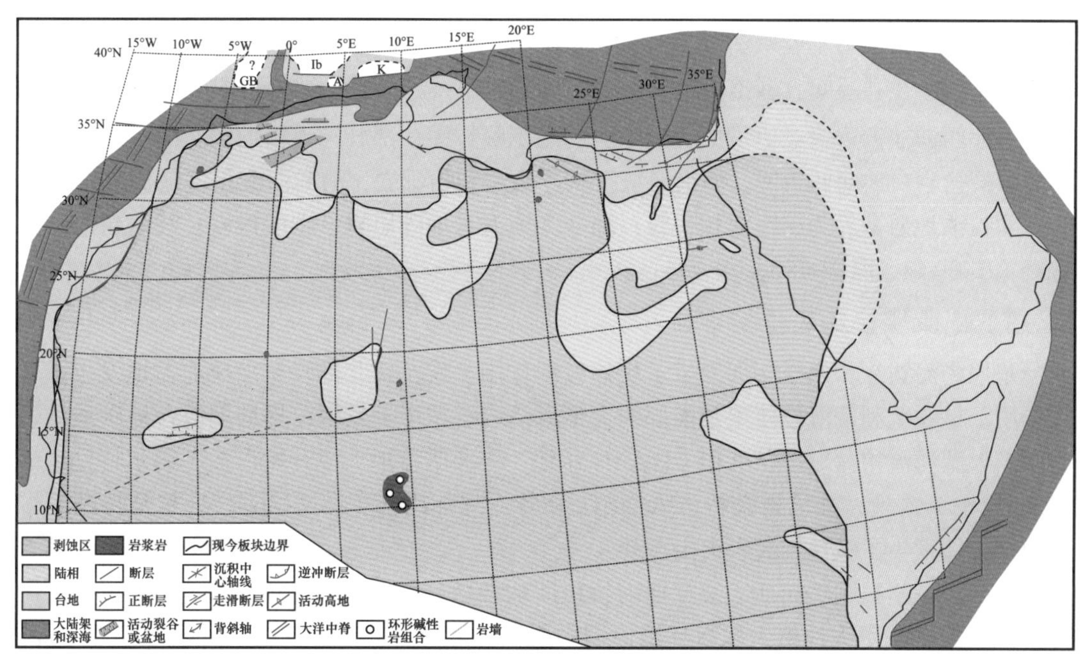

图 2-45　北非中侏罗世末卡洛夫期—晚侏罗世牛津期（164.4—154.1Ma）古地理图（据 Guiraud 等，2005）

A—阿尔沃兰；GB—大沙洲；Ib—伊比利亚；K—卡比利亚斯

向西，边缘海侵入阿尔及利亚—突尼斯撒哈拉地台，沉积了厚层蒸发岩。在撒哈拉阿特拉斯、高阿特拉斯和泰勒海槽发生了裂谷作用，在这些沉降盆地中沉积了厚层泥灰岩地层，而在地堑的裂谷以及 Oranese 高原沉积了碳酸盐岩台地。摩洛哥的 Meseta 和高阿特拉斯中部为与非洲大陆相连的出露地表。在摩洛哥和阿尔及利亚西北部频繁出现拉斑玄武岩流和火山碎屑沉积，可能与中大西洋岩浆省（CAMP）有关。

中大西洋边缘，在纽芬兰—亚述尔转换伸展断裂带和圭亚那 Demerara 高原海上之间的晚三叠世 SN 向裂谷直到普林斯巴期（J_1）还在活动，沉积了厚层陆相或边缘海相。托阿尔期沉积了后裂谷碳酸盐岩层序，与中度热沉降和海平面升高有关。但是，里阿斯期最重要的事件为中大西洋岩浆省（CAMP）热柱（约 201Ma）的喷发。在非洲和北美共轭被动大陆边缘间广泛发育了拉斑玄武岩浆，其影响范围在 SW—NE 方向超过 5000km，在 EW 方向超过 1500km。西非镁铁质岩脉、岩墙和熔岩流延伸向阿尔及利亚和马里中部（图 2-43）。

2）中侏罗世

东地中海边缘，沿埃及陆架开始出现了一系列近 EW 走向的半地堑，构成洋盆东界的近 SN 向大型转换断裂带的一个伸展薄弱带。当 Dakhla 大型河流相盆地提供的陆相沉积物源减少时，开始发育碳酸盐岩台地。重要烃源岩为巴通期—卡洛夫期三角洲和海洋环境边缘沉积。卡洛夫末期发生了明显的海退。

西部沿阿尔卑斯马格里布海槽继续发生沉降作用，其内充填了厚层泥灰岩或浊流沉积。沉降不太强烈的地区和台地区仍为碳酸盐沉积。由大型穆祖克盆地和韦德边尔盆地提供的细粒陆相物源逐渐扩展到海岸带。在摩洛哥地区，当局部反转和褶皱作用影响到中、高阿特拉斯时，晚道格期这种现象更为显著。高阿特拉斯发生了同构造辉长岩侵入和水热变质作用。这些早阿尔卑斯变形（局限在狭窄的地区）可能是中大西洋漂移开始以及有关的西北非和伊比利亚间大型走滑运动产生的局部转换挤压作用的结果（图 2-45）。

中大西洋非洲边缘经历了中等到微弱的热沉降作用，部分与道格期中大西洋的打开有关。碳酸盐岩台地向西扩展，而沿斜坡沉积了页岩和角砾岩，沿岸河流相盆地仍很狭窄。

阿拉伯地盾东界为狭窄海相边缘，渐变为浅海台地碎屑岩—碳酸盐岩及浅海台地碳酸盐岩（图 2-44、图 2-45）。

3）晚侏罗世及基梅里事件

东地中海边缘，西奈北部发生了块体掀斜作用。埃及西北部阿布加拉迪盆地发生了裂谷作用。早钦莫利期海侵使埃及南部的大型海湾内沉积了蒸发岩，提塘期以台地碳酸盐岩为主。大型河流相盆地接受沉积（Dakhla 盆地、库弗腊盆地）或开始形成（锡尔特盆地南部），周围为高地，如乌姆奈特、Bahariya 和昔兰尼加南部（图 2-46）。沿黎凡特断裂带和西奈南部发生了碱性玄武岩火山活动。

向西，撒哈拉阿特拉斯、突尼斯阿特拉斯和泰勒—里夫地槽南部的大范围地区发生沉降作用。泰勒—里夫地槽为深海环境，因中大西洋快速打开产生的转换伸展变形而变深。向南，一个狭窄的斜坡为大型台地的边界，该台地从利比亚最西部到阿尔及利亚—摩洛哥；这个台地上，向北为浅海碳酸盐沉积，向南为海陆交互相或陆相，说明发育了大型河流相盆地（穆祖克—Ténéré 盆地和 Saoura 盆地）。摩洛哥北东部，在高阿特拉斯和中阿特拉斯北部区仅发育了狭窄盆地，由摩洛哥中北部的高地剥蚀提供陆源沉积。中大西洋非洲边缘，碳酸盐岩台地向西扩展。在 Agadir 盆地和 Essaouira 盆地，由摩洛哥抬升提供细粒或粗粒陆源沉积。

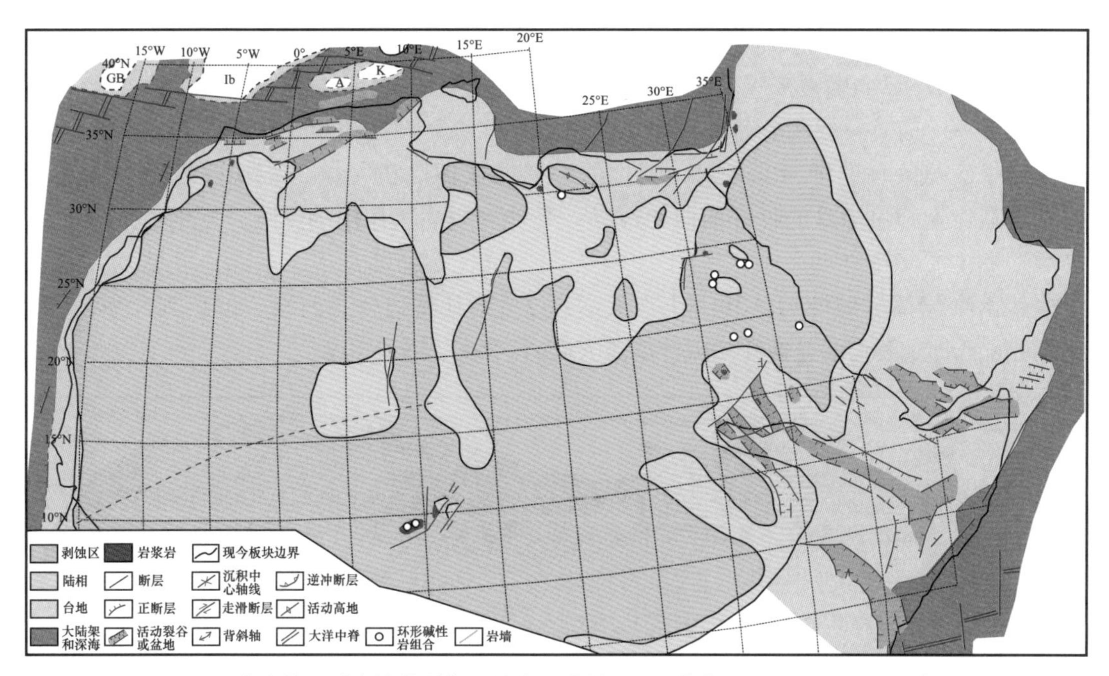

图 2-46　北非晚侏罗世末钦莫利期—早白垩世早贝里阿斯期（154.1—142Ma）古地理图（据 Guiraud 等，2005）

A—阿尔沃兰；GB—大沙洲；Ib—伊比利亚；K—卡比利亚斯

非洲大陆地区，前裂谷阶段开始于几内亚湾和上贝努埃地区。在转换伸展应力场作用下，上述两个地区于提塘期发育半地堑，充填了厚层粗粒冲积扇和互层状碱性溢流玄武岩，附近的 Jos 高原碱性岩浆喷发。

向东，“非洲之角”海槽延伸到苏丹中部，主要沿兰尼罗河峡谷分布，发育狭窄裂谷，充填了河流和边缘海沉积（包括蒸发岩沉积），与溢流玄武岩互层。向北，碱性努比亚岩浆区重新活动。在欧加登盆地和拉穆—安扎地槽中沉积了厚层泥灰岩、页岩和石灰岩。向西南，早钦莫利期海侵范围延伸到陆内扎伊尔盆地。晚侏罗世早期，“非洲之角”附近裂谷开始形成或重新活动与西印度洋索马里盆地开始漂移有关。据 Rabinowitz 等（1983）研究认为此处洋壳打开相当于 M25 磁异常条带，年代为距今约 156Ma 的中—晚牛津期。

侏罗纪—白垩纪，多数盆地发生了构造变形。埃及北部边缘、黎凡特、霍加尔边缘西北部、穆祖克—贾多盆地南部、上贝努埃海槽和阿拉伯台地发生了频繁的抬升和块体掀斜并伴随轻微的褶皱作用。这一时期产生的沉积间断和不整合面与发生在欧洲东南部的基梅里造山事件或贝里阿斯造山事件相当。

3. 白垩纪

白垩纪时期，北非、中非广大地区的裂谷作用导致西冈瓦纳破裂及南大西洋和赤道大西洋的打开。裂谷作用通常伴随有岩浆活动。晚白垩世许多 EW 走向的盆地发生反转，相当于阿尔卑斯带变形的第 I 幕。晚白垩世全球气候显著变暖，造成大范围陆内盆地遭受海侵。

1）早白垩世（晚贝里阿斯期—阿普特期初，白垩纪同裂谷第 I 阶段）

晚贝里阿斯期—阿普特期初，非洲—阿拉伯的大陆裂谷非常活跃。中非（图 2-47）

和北非—阿拉伯特提斯边缘发育了 EW 向和 NW—SE 向裂谷。阿尔及利亚—利比亚—尼日尔一线大型 SN 向断裂带重新活动，表现为左行走滑运动，形成了局部拖曳褶皱和拉分盆地。非洲—南美一线的裂谷作用也非常发育。非洲—阿拉伯板块与南美板块分离，并分成三个大型块体，即西非板块、阿拉伯—努比亚板块和 Austral 板块。阿拉伯—努比亚板块随着索马里洋盆的打开而向北运动。受伸展应力场作用的影响，发生了强烈的岩浆活动，主要集中在两个地区（图 2–44）：（1）努比亚和苏丹中、东部，可见到大量碱性非造山杂岩体、碱性岩脉和溢流玄武岩；（2）黎凡特边缘（西奈、以色列、黎巴嫩、Palmyrides），主要为弱亚碱性—碱性溢流玄武岩。

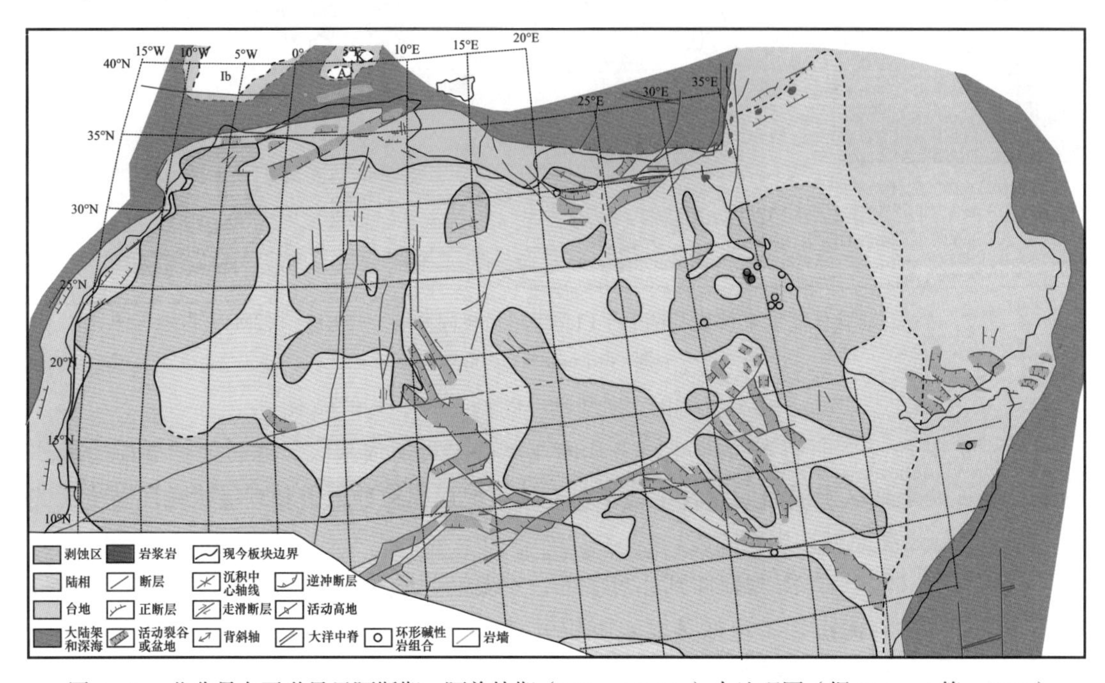

图 2–47　北非早白垩世贝里阿斯期—阿普特期（142—120Ma）古地理图（据 Guiraud 等，2005）

裂谷盆地沉积充填了河流—湖泊沉积，在中非共和国北部—乍得南部的萨拉玛特地槽沉积了超过 4km 厚的黑色页岩烃源岩。阿尔及利亚的撒哈拉阿特拉斯西部以大型三角洲为主，在摩洛哥—阿尔及利亚—突尼斯新特提斯边缘沉积了厚层复理石层序。

第Ⅰ阶段裂谷作用结束于区域不整合（“奥地利”不整合），该区域不整合在中非裂谷系和大西洋边缘更为显见。

2）早阿普特期—晚阿尔布期（早白垩世同裂谷第Ⅱ阶段）

早阿普特期，板内应力场发生了快速变化。先期的 N160° E 到近 SN 向的伸展方向转变为 NE—SW 向（图 2–48），NW—SE 向地槽（特尼尔地槽和苏丹—肯尼亚地槽）沉积了超过 3～5km 厚的陆相砂岩和页岩。断裂作用也影响到了锡尔特盆地。中非剪切带发生了右行转换伸展运动，在乍得南部形成了小型 NW—SE 向裂谷或拉分盆地，贝努埃槽等次盆中也发生了裂谷作用。近 SN 向横穿撒哈拉断裂带的走滑运动停止或有所减弱。同期，阿拉伯—努比亚块体向北东方向运动（图 2–48）。

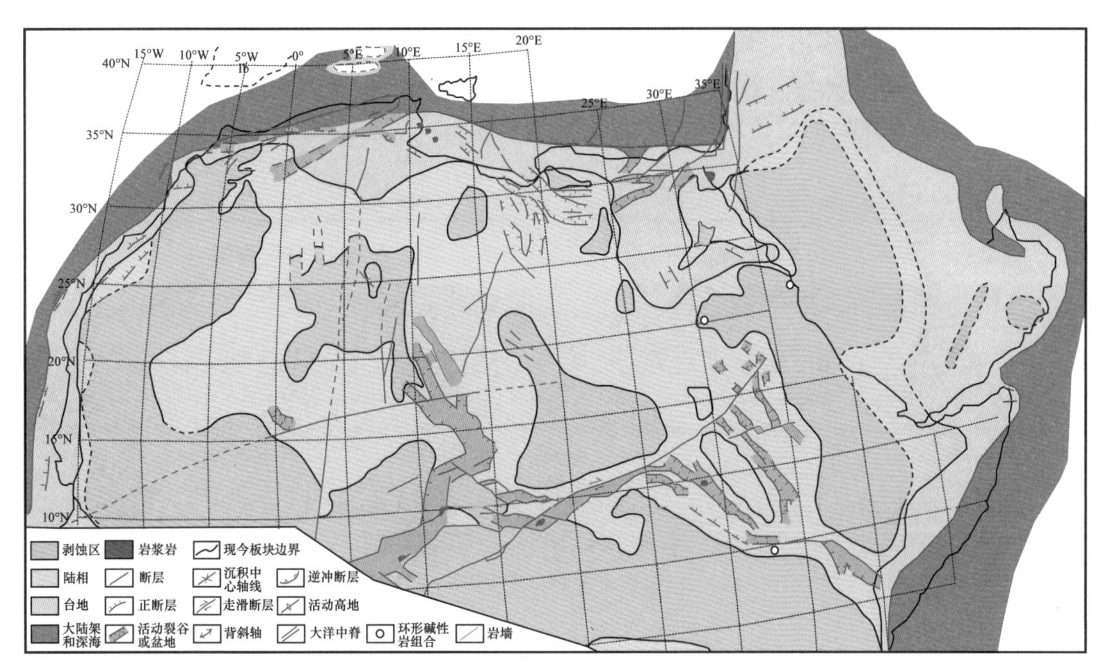

图 2-48　北非早白垩世阿普特期—晚白垩世塞诺曼期（119—99Ma）古地理图（据 Guiraud 等，2005）

非洲大型陆内盆地发生了中阿普特期和晚阿尔布期两期海侵（图 2-48），在埃及和阿尔及利亚南部形成了大型海湾。非洲—阿拉伯特提斯边缘发育了碳酸盐岩台地。

第Ⅱ阶段裂谷作用结束以晚阿尔布期（102—101Ma）构造事件形成的区域性不整合面为标志；同期，非洲和南美大陆开始破裂。中非裂谷系和北非边缘许多地区均可见到该区域性不整合面。从摩洛哥到利比亚，发育了宽缓褶皱作用、断层作用和剥蚀作用，可能与比斯开湾开启有关，导致伊比利亚块体发生旋转并与西北非发生了小规模碰撞。

3）早白垩世构造沉积演化及地球动力学因素

北非地区早白垩世的伸展作用与地幔热柱驱动的非洲板块的裂谷作用、贝努埃槽的形成及南大西洋和赤道大西洋的打开有关。这些作用使北非、中非地区形成了复杂的夭折裂谷系，在埃及西部、锡尔特盆地和突尼斯及阿尔及利亚东部发育了半地堑。中非的裂谷作用持续到中大西洋进入漂移阶段。特提斯洋在晚侏罗世和早白垩世的持续打开使昔兰尼加北部的 SN 向伸展重新活动，在侏罗系脊状带之上沉积了向北增厚的 Jabel Akhdar 地层，同时在利比亚东北部和埃及西北部的 NE—SW 向到 NNE—SSW 向边界传递断层（之前为黎凡特—穆祖克东剪切带）间发育了 Sarir-Hamaemat—Abu Garadig 地堑系，并在北非其他大部分地区发育了转换伸展作用。

早白垩世伸展作用使整个北非地区先存基底构造和糜棱岩扭错断层带再次活动，古生界遭受变形，形成圈闭并促进烃源岩成熟，如锡尔特盆地中生代裂谷作用形成的地堑使多数古生界遭受剥蚀，而地堑轴部古生界保存下来，局部保存了下志留统 Tanezzuft 组页岩烃源岩。

4）晚白垩世塞诺曼期—早圣通期（裂谷晚期—坳陷盆地阶段）

随着构造活动性减弱，北非和中非西部发生海侵作用（图 2-49、图 2-50）。但是，苏丹地槽发生了裂谷作用，沉积了厚层页岩、粉砂岩和砂岩。多巴盆地、上贝努埃、特尼尔盆地和地中海东部边缘（锡尔特、西奈北部）在塞诺曼期也发生了裂谷作用。中非区的沉降是由 NE—SW 向伸展作用形成的，部分与热松弛有关。西北非马格里布区边缘掀斜块体活动。

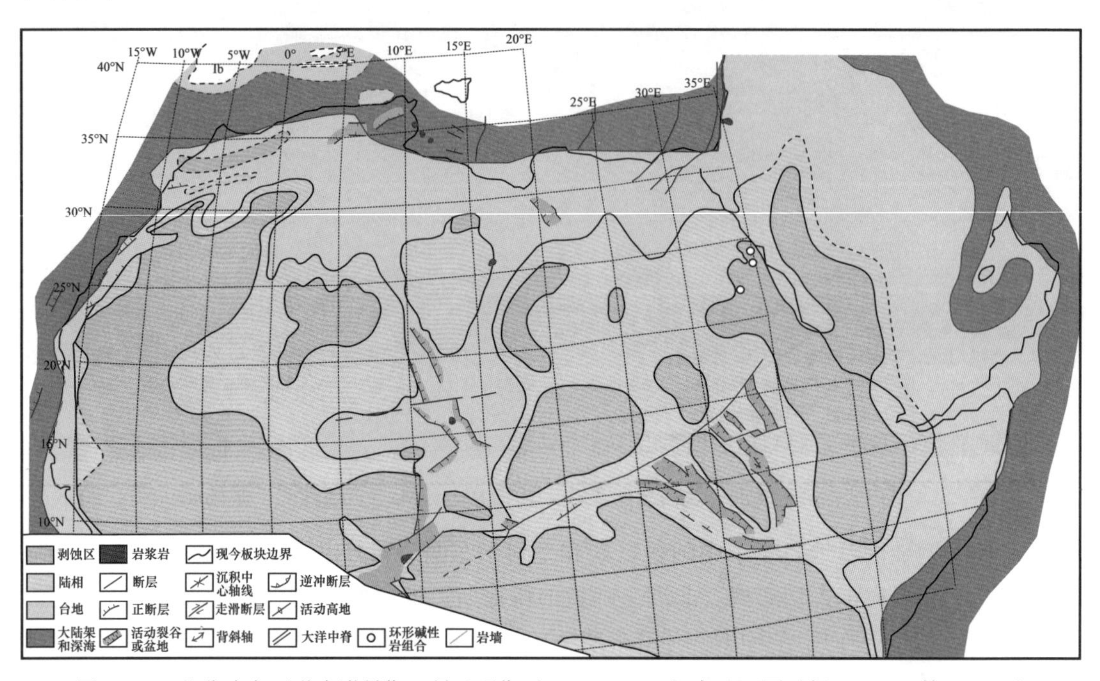

图 2-49　北非晚白垩世塞诺曼期—早圣通期（98.9—85Ma）古地理图（据 Guiraud 等，2005）

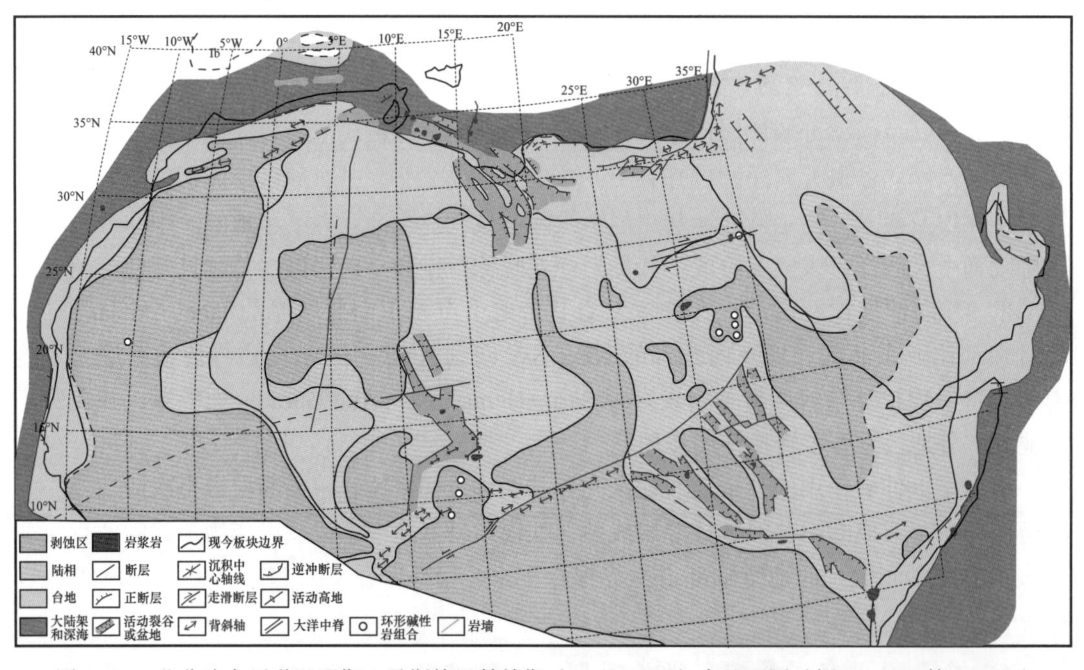

图 2-50　北非晚白垩世圣通期—马斯特里赫特期（84—65Ma）古地理图（据 Guiraud 等，2005）

塞诺曼期，古地理形态发生了比较明显的改变，自北部（新特提斯洋）及南部（南大西洋—贝努埃槽）发生海侵，范围包括北非地台及尼日尔和乍得陆内盆地。晚塞诺曼期—土伦期海侵范围最大，这与全球气候变暖和全球海平面上升有关。北非和东北非—阿拉伯特提斯边缘发育了蒸发岩及大型浅海碳酸盐岩台地。陆内东尼日尔盆地沉积了互层状石灰岩、泥灰岩、页岩、粉砂岩、砂岩和蒸发岩。埃及南部—苏丹东北部的努比亚区，康尼亚克期发生了小规模海退，沉积了 Nubia 砂岩层序。岩浆活动不强烈，在突尼斯台地、黎凡特、努比亚和乍得、贝努埃槽南部有少量岩浆活动（图 2-50）。贝努埃槽西南部的碱性岩浆作用反映出非洲板块此时越过 St. Helena 热点或地幔热柱。

5）晚圣通期构造事件

晚圣通期，频繁出现沉积间断及北非、中非褶皱带附近的角度不整合，说明发生了一期构造事件，即晚圣通期事件，相当于阿尔卑斯造山旋回非洲—阿拉伯板块间发生的第一期挤压事件。在西北非板块边缘，阿尔卑斯构造带开始发育，在泰勒单元内发生了褶皱作用及变质作用，在摩洛哥高阿特拉斯局部发生了逆冲作用，在撒哈拉阿特拉斯和高原发生了轻微的褶皱作用。在东北非—阿拉伯边缘，叙利亚弧开始发生褶皱作用，阿曼发生了蛇绿岩套的俯冲作用，锡尔特盆地局部抬升。

中非裂谷系中 N70° E 到 EW 向的区段遭受了右行转换挤压变形，形成了大型褶皱和正花状构造，下贝努埃和苏丹西部的绝大多数白垩纪地槽发生反转。向东，肯尼亚—索马里一线，受右行转换挤压作用影响，形成了 ENE—WSW 向的 Lugh—Mandera 褶皱带；这些褶皱带间，在 NW—SE 向苏丹和特尼尔地槽内的近 EW 向转换斜坡附近局部发育了转换挤压褶皱。

晚圣通期构造事件为板块尺度上的事件，相当于一期全球构造事件。受 N160° E 方向挤压作用的影响，多数 EW 向到 ENE—WSW 向的盆地发生反转或褶皱作用。非洲—阿拉伯板块逆时针强烈旋转，开始与欧亚板块发生碰撞。晚圣通期事件与中大西洋、南大西洋及北大西洋的打开方向和速率变化有关。

6）晚马斯特里赫特期及白垩纪末期构造事件

晚圣通期构造事件使得北非、中非地形发生了很大改变，形成了狭窄的由褶皱产生的高地，使得大范围地区抬升。陆缘海从尼日尔东部—乍得西部—贝努埃区退出。但是，坎潘期—马斯特里赫特期又是一个全球海平面上升期，使浅海台地沉积扩展到陶丹尼盆地东部和尼日尔西部的尤利米丹盆地。

坎潘期初，非洲—阿拉伯板块和欧亚板块间的会聚速率降低，发生了较弱的构造活动。苏丹—肯尼亚和尼日尔东部 NW—SE 向地槽又发生了裂谷作用，锡尔特盆地开始形成。北非特提斯边缘形成了近 EW 向沉降盆地，右行转换伸展使这些沉降盆地拉分变深，在贝努埃—博努褶皱带附近形成挠曲沉降盆地。晚马斯特里赫特期绝大多数盆地的沉积厚度为 2～5km。常见碎屑岩、泥灰岩或黏土岩，发育滑塌堆积体。阿尔及利亚和阿拉伯北缘沉积了复理石。中非和西非南部大型暴露地表的高地遭受赤道气候的风化，发育红矾土沉积。

区域伸展应力场产生了强烈的岩浆活动，主要地区包括地中海西部到东部、西非大西洋边缘、喀麦隆火山岩构造线、苏丹努比亚、埃及南部和东非边缘。

晚马斯特里赫特期—古新世，发生挤压应力场影响了北非—阿拉伯褶皱带。此次白垩纪末期事件增强了晚圣通期褶皱变形。埃及南部 EW 向的 Aswan 断裂带发生明显的右行转换挤压。阿尔及利亚东北部、Palmyrides 等地区，晚马斯特里赫特期开始发生 NNW—SSE 向的挤压作用，与晚圣通期的方向非常相似。局部地区的火山作用较明显，如佩拉杰盆地海上、锡尔特盆地东部。

4. 阿尔卑斯造山运动

阿尔卑斯造山运动是非洲和欧洲板块碰撞的结果，导致新特提斯洋关闭、阿特拉斯山脉隆升，北非地区总体上经受的是脉动式挤压作用。海山增生后的洋壳俯冲、碰撞，导致局部产生应力松弛甚至是拉张环境。南阿特拉斯断裂带为摩洛哥阿特拉斯山脉与撒哈拉地台的构造分界，从 Agadir 延伸到突尼斯，北部中生界和古近系盖层减薄，多数与基底拆离。南部盖层很少变形，仍与基底相连。阿尔卑斯造山作用使南阿特拉斯断裂带以北的阿特拉斯褶皱和逆冲带较南部的撒哈拉地台抬升了约 1.5km。

阿尔卑斯造山作用指晚白垩世和古近纪发生的一系列造山活动。早白垩世巴雷姆期—阿普特期的挤压事件（奥地利造山事件）为前阿尔卑斯造山作用，与阿尔卑斯造山作用相比较大程度地影响了北非部分地区，造成早白垩世裂谷系反转，向南至中非较老的构造区重新活动。南北向的泛非断层于该阶段再次强烈活动，Hassi Touareg 地垒、Tihemboka 隆起和 Hassi Messaoud 脊均明显抬升。其他规模小的 SN 向和 NW—SE 向构造，包括穆祖克盆地也经受了转换挤压作用的影响。

阿尔卑斯造山运动改变了海西期已形成的构造，使古达米斯盆地、伊利兹盆地和穆祖克盆地的油气重新分布。受非洲—欧洲板块碰撞和大西洋逐渐打开的影响，阿普特期挤压作用受陆内应力场明显变化的控制。古达米斯盆地、贝尔肯盆地形成了阿普特期背斜，沿 SN 向横撒哈拉断裂系发生明显的左行转换挤压活动。韦德迈尔盆地、莫伊代尔盆地和穆祖克盆地也见到了类似的晚白垩世挤压事件。巴雷姆期—阿普特期，WNW—ESE 向挤压使已抬升的断块再次活动和褶皱，尤其是阿尔及利亚东部（Rhourde El Baguel 断块），虽然剥蚀削截了抬升块体上的巴雷姆阶、纽康姆阶和部分上侏罗统，但“奥地利不整合”分布范围仍较有限。

北非地区阿尔卑斯挤压作用主阶段（拉拉米运动）开始于圣通期（图 2-51），于早古新世达到最强。许多晚三叠世—早侏罗世地堑于西特提斯洋最终关闭期间发生反转。摩洛哥的阿特拉斯山（包括里夫）、阿尔及利亚西部和突尼斯、埃及东北部的“叙利亚弧褶皱带”、阿拉伯西北部、利比亚东北部的昔兰尼加地台、穆祖克盆地部分地区均受到了影响（图 2-52）。圣通期剥蚀不整合面分布广泛，标志着许多地区发生了反转作用，比较明显的是埃及西部沙漠（阿布加拉迪盆地）、昔兰尼加等地。特提斯块体与非洲于早始新世的碰撞，使阿特拉斯山反转，于晚渐新世—中新世达到最强，但北非的其他地区受到的影响相当弱。

阿尔卑斯造山作用期间，许多基底剪切带左行转换挤压、再次活动，形成了与晚期断层有关的背斜，影响了北非大部分的古生界和中生界。

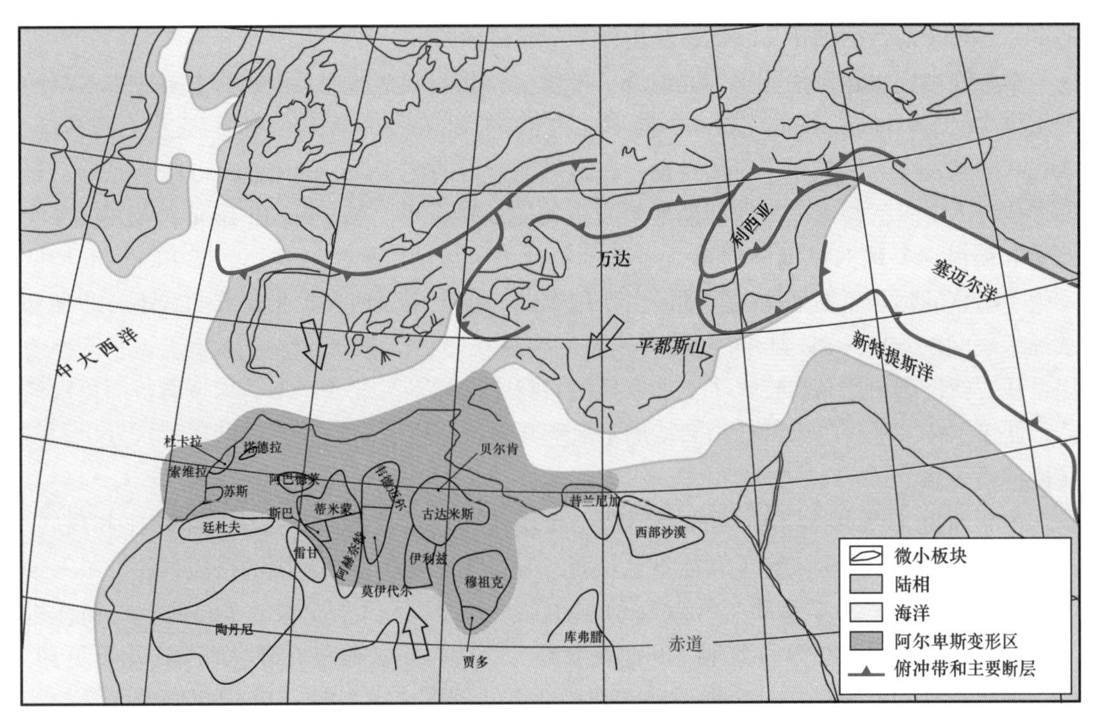

图 2-51 晚白垩世圣通期北非地区古地理重建（据 Craig 等，2006）

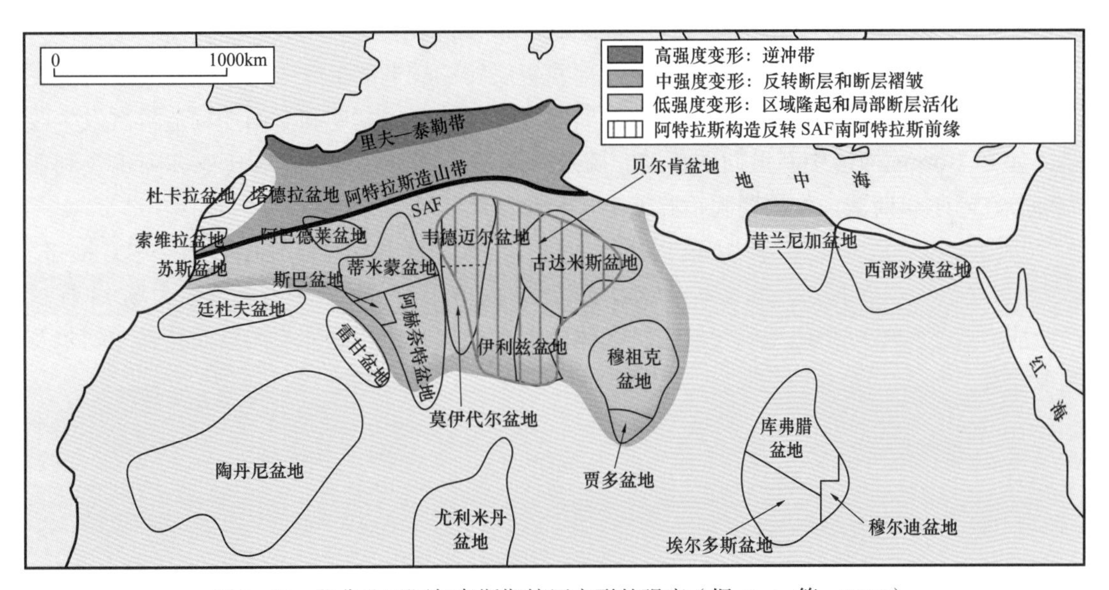

图 2-52 北非地区阿尔卑斯期挤压变形的强度（据 Craig 等，2006）

晚白垩世开始的北大西洋裂谷作用，使欧洲板块的运动方向发生突变，欧洲板块相对非洲板块向东运动。劳亚大陆和非洲—伊比利亚大陆间早期左行转换伸展运动停止，代之以较长阶段的右行转换挤压。北非地区晚白垩世变形归因于快速的圣通期事件（85—83Ma；Guiraud 和 Bosworth，1998），大西洋开启使旋转极发生改变，使高阿特拉斯山和中阿特拉斯山反转，形成了埃及西奈北部叙利亚弧褶皱带。圣通中期和古新世，昔兰尼加北部被动大陆边缘强烈反转，使 Jebel Akhda 背斜抬升，可能与 Hellenides—Rhodope 造山楔和 Pelagonian—Apulian—Taurus 地台被动边缘间的碰撞有关，新特提斯洋盆分隔两个构造单元。现今昔兰尼加角与欧洲板块正处于初始碰撞阶段。

多数晚白垩世运动沿特提斯北缘调节带发生，北非巨型剪切系内右行 ENE—WSW 向断层再次活动。Hammouda（1980）推测古达米斯盆地 ENE—WSW 向断层发生右行活动，Qarqaf 隆起发生与断裂系平行的运动。古达米斯盆地西侧、Amguid El Biod 隆起东缘，早期形成的 NE 向三叠纪—里阿斯期地堑发生挤压反转变形。Amguid El Biod 隆起的 SN 向地堑和穆祖克盆地 NW 向断层重新经历了左行挤压活动。穆祖克盆地北部 Elephant 构造发生了明显的阿尔卑斯期构造运动。白垩纪末期，由于南大西洋扩张速率的减小，非洲和欧洲板块间的 NW—SE 到 SN 向的会聚速率明显减慢，沿非洲北缘的碰撞使北非巨型剪切系从古新世到中始新世发生了更加明显的右行走滑活动。北非巨型剪切系右行的再次活动，使锡尔特盆地、特米特地槽和特尼尔地堑与平行碰撞方向的 NW 向断层再次发生左行转换伸展活动。

中始新世（卢泰特期），阿尔卑斯造山作用分布广泛，使北非盆地发生挤压和反转。在始新统海侵层序底部发育了剥蚀不整合面，说明北非发生了大范围的挤压事件。早—中始新世发生的比利牛斯运动（Pyrenean）或昔兰尼加运动（Cyrenaican）与西特提斯洋进一步的关闭有关，在贝尔肯盆地、利比亚北部、阿特拉斯盆地和贝努埃地槽内均可见到。早—中始新世的转换挤压、走滑运动在利比亚东北部形成了 NE—SW 向褶皱带，晚始新世的挤压作用使昔兰尼加叙利亚弧褶皱带再次抬升、活动，而在突尼斯北部发生 EW 向和 NNW—SSE 向的右行走滑运动，在渐新统底部形成了十分明显的不整合面。中新世另一次挤压作用使利比亚东北部和突尼斯北部发生反转，较老的 ESE—WNW 向断层再次发生走滑活动，形成了东地中海脊。古达米斯盆地北部的奥地利期和海西期构造再次发生改造，如 El Borma 构造中新世向北移动。磷灰石裂变径迹资料表明，利比亚和阿尔及利亚大部分在阿尔卑斯造山作用期间抬升了 1～2km。

现今北非陆地的应力场以 EW 向挤压为主，与大西洋和印度洋洋中脊的“中脊推挤”（中非板块应力场）有关。海上现今应力场以 SN 向挤压为主（地中海会聚应力场），在这两个应力场之间有一个应力场过渡带，大体位于现今的利比亚北部、突尼斯北部和阿尔及利亚北部。

六、新生代

1. 新生代构造沉积演化

1）古新世—中始新世

古新世，北非地区发生了大规模海侵，浅海相页岩或石灰岩不整合地覆盖在较老的地层之上。晚古新世，霍加尔地块周围短暂为陆缘海环境（图 2-53），在仍保持活动的特尼尔地槽中沉积了厚层富有机质页岩。狭窄的海湾延伸向苏丹北部及红海地区。苏丹和肯尼亚的大陆地槽中继续发生裂谷作用，充填了砂岩和页岩。晚古新世，在北非特提斯边缘发育了几个近 EW 向抬升脊，以色列发生褶皱作用，Palmyrides 发生逆冲作用，这一时期的构造事件相当于西欧发生的拉拉米构造事件。

早—中始新世，海岸线略向后退（图 2-54）。边缘多为碳酸盐岩台地，锡尔特湾南部和西部为互层蒸发岩沉积。复合型台地局部出现在晚卢泰特期—巴顿期，构造活动较弱，锡尔特、埃及西北部、肯尼亚—苏丹和特尼尔地槽南部沉降，以色列和 Palmyrides 局部地区发生褶皱作用和逆冲断层作用。

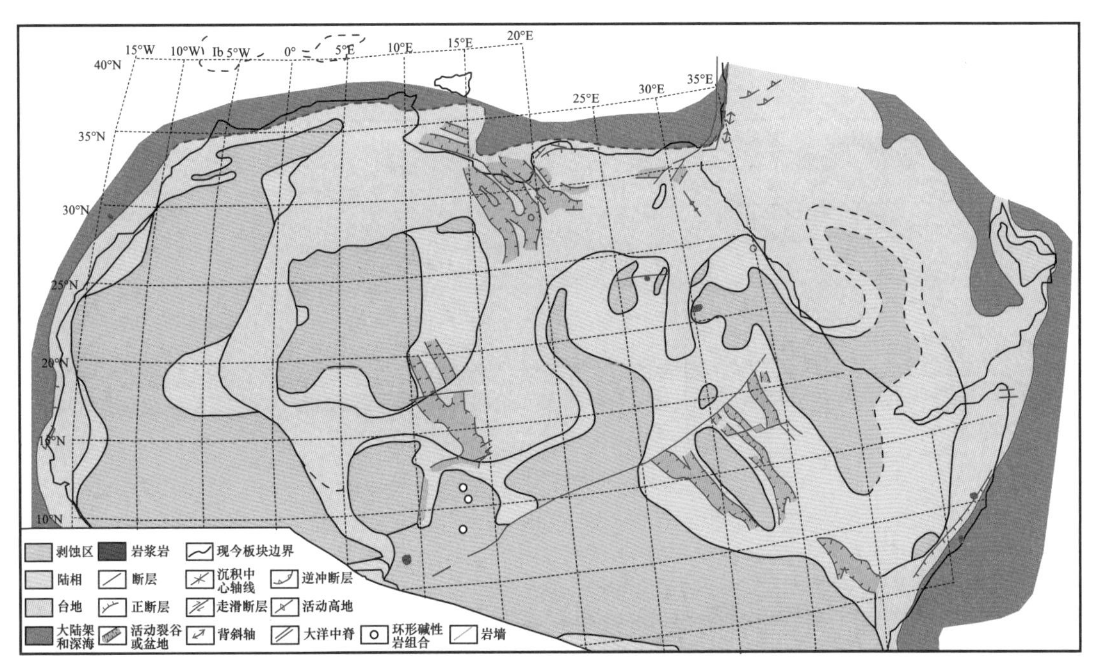

图 2-53　北非古新世（66.0—56.0Ma）古地理图（据 Guiraud 等，2005）

这个时期的岩浆活动减弱，仅在努比亚区、佩拉杰台地、埃塞俄比亚区、非洲之角边缘和喀麦隆火山岩带等地区发生（图 2-53、图 2-54）。

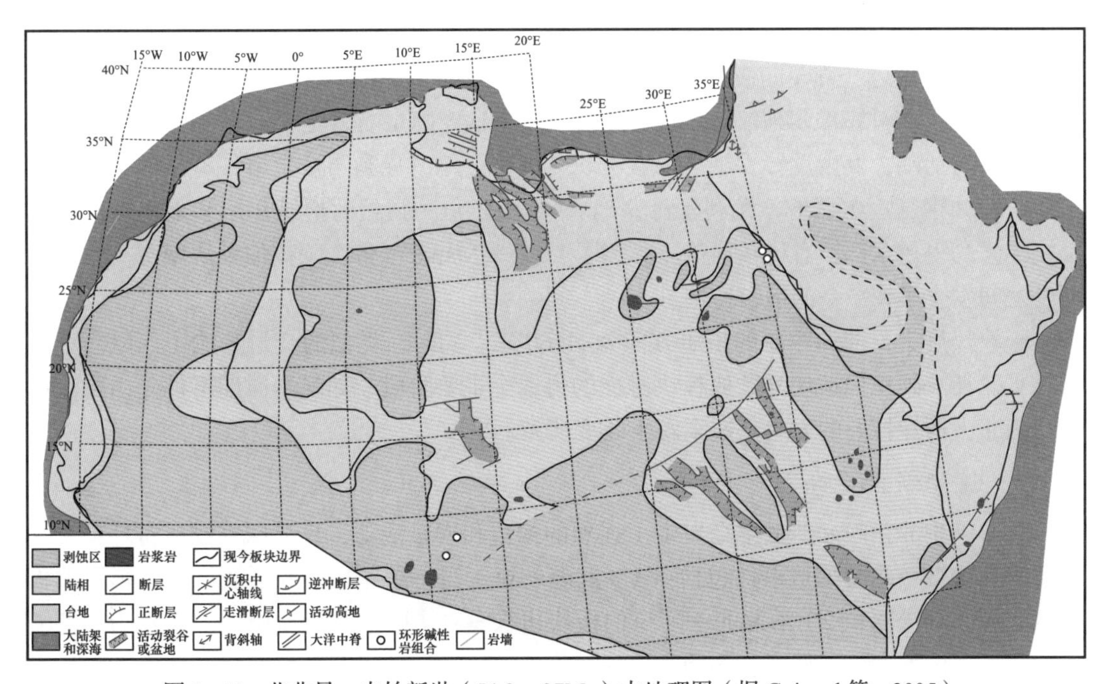

图 2-54　北非早—中始新世（54.8—37Ma）古地理图（据 Guiraud 等，2005）

2）晚始新世早期

巴顿期—普利亚本期（约37Ma），发生了一次短暂的大型挤压构造事件（图2-55）。

撒哈拉阿特拉斯—Aure区产生大型褶皱（图2-55），里夫—泰勒区内部（Alboran—Kabylies）经历了逆冲和轻微的变质作用，可能与马格里布特提斯俯冲到Iberian Balearic边缘之下的俯冲作用有关。

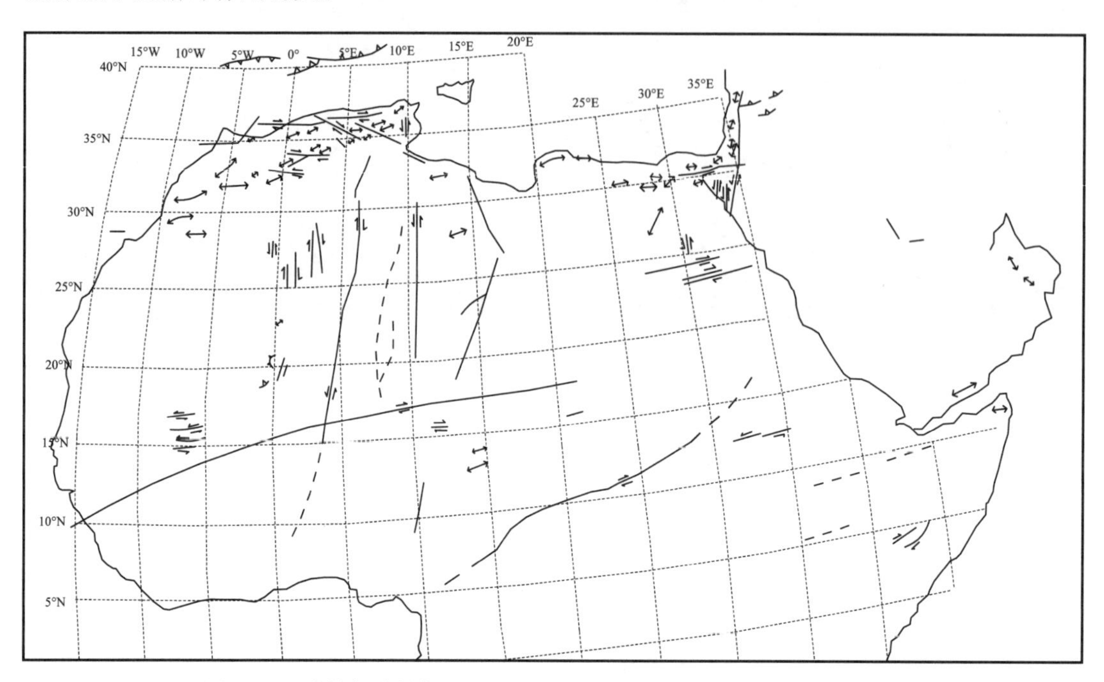

图2-55　晚始新世早期（37—36Ma）构造图（据Guiraud等，2005）

地中海东部—阿拉伯边缘，沿叙利亚弧从昔兰尼加到Palmyrides发生褶皱作用和局部逆冲作用。板内区，许多断裂带重新走滑运动，形成了拖曳褶皱；其中，SN向撒哈拉断裂带左行走滑切过霍加尔地块，EW向几内亚—努比亚断层右行走滑。霍加尔西部泛非缝合带也重新活动，发生反转。绝大多数沉积盆地中，均可见到与这次事件有关的小型角度不整合，如韦德迈尔盆地、尤利米丹盆地。“非洲之角”强烈的褶皱作用和走滑断层作用影响了索马里最东部，右行转换挤压影响了Lugh—Mandera带。阿拉伯板块南部、也门—阿曼之间发生了较平缓的褶皱作用。

板块尺度上，非洲主要的挤压方向为N160° E。同时，类似的变形影响了西欧。这次事件是非洲—阿拉伯板块与欧亚板块碰撞的另一个主要阶段，如晚圣通期事件是由中大西洋、南北大西洋打开的方向及速率发生改变所致。

3）晚始新世至今

北非、中非在晚始新世至今发生了强烈的构造和岩浆活动，且全球气候、古环境发生了明显的改变，主要构造事件包括：（1）红海—亚丁湾—东非裂谷系形成，导致阿拉伯板块从非洲大陆分离；（2）沿北非—阿拉伯板块边缘发育了阿尔卑斯造山带，表现为多期活动并使板块内部发生了变形。多期岩浆活动影响范围广，造成了区域穹隆或抬升，发生了海退和大陆环境的明显改变。

（1）亚丁湾—红海的裂谷作用。

尼日尔东部和苏丹中部 NW—SE 向地槽裂谷重新活动，而沿苏丹东部形成了小型地槽（图 2-55—图 2-57）。主期构造事件是沿亚丁湾、红海和东非湖区形成了大型裂谷盆地。亚丁湾和红海狭窄的长条状洋区的打开使阿拉伯板块向北运动，沿黎凡特—死海断裂带发生左行走滑运动。

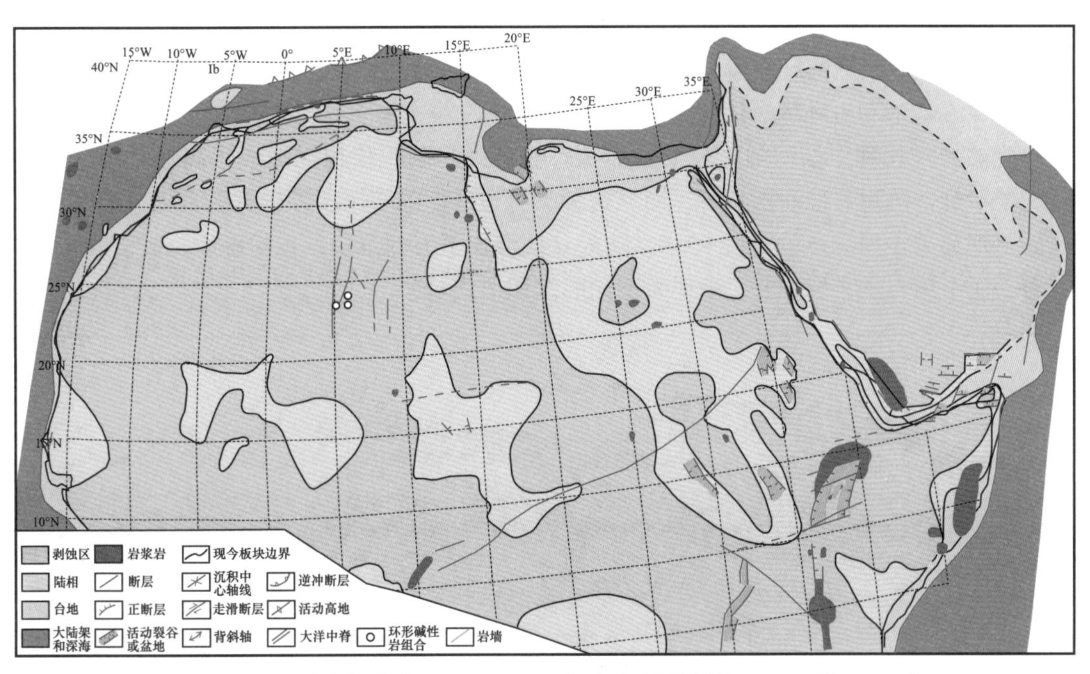

图 2-56 北非渐新世（33.9—23.03Ma）古地理图（据 Guiraud 等，2005）

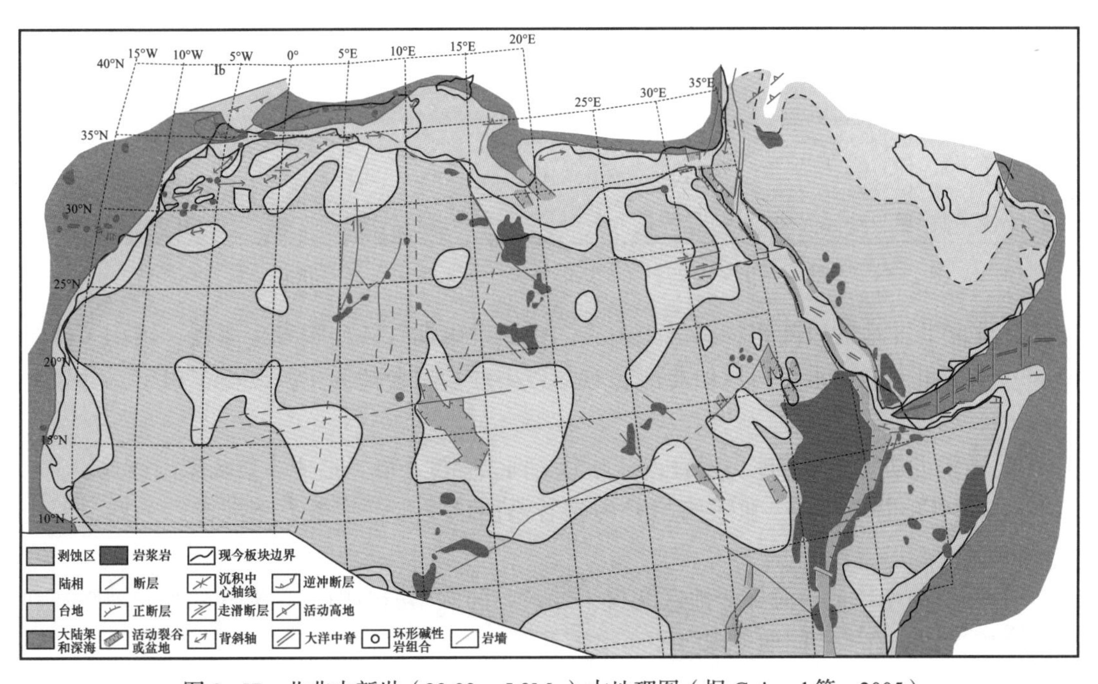

图 2-57 北非中新世（23.03—5.3Ma）古地理图（据 Guiraud 等，2005）

早渐新世（吕珀尔期），几个雁行排列的近 EW 到 ESE—WNW 向小型盆地发生裂谷作用。渐新世—中新世，裂谷作用扩展到阿法尔，贯通红海裂谷系。据 $^{40}Ar/^{39}Ar$ 测龄，主埃塞俄比亚裂谷（MER）的裂谷作用开始于早—中中新世早期（18—14Ma）。随后，区域伸展形成了东非裂谷系的半地堑或地堑，沉积了厚层陆相沉积。亚丁湾—红海—苏伊士湾裂谷中以海洋或边缘海沉积为主，其上为中—上中新统蒸发岩。中新世中期，沿比特里斯—扎格罗斯逆冲带，阿拉伯板块与欧亚板块碰撞缝合，亚丁湾海底开始扩张。前裂谷期及裂谷期发生了强烈的岩浆活动，有助于弱化岩石圈及地壳伸展。

（2）古地形和古环境演化。

晚始新世比利牛斯—阿特拉斯挤压事件在非洲—阿拉伯边缘形成了高地，板块内部造成了抬升，沉积盆地面积减少，而且这种趋势在后期的挤压事件影响区及大规模抬升岩浆区更加显著（图 2-56—图 2-58）。陆内盆地沉积了河湖沉积，包括砾岩、砂岩和页岩。红海—亚丁湾—东非裂谷区，表现为不同的沉积形式。

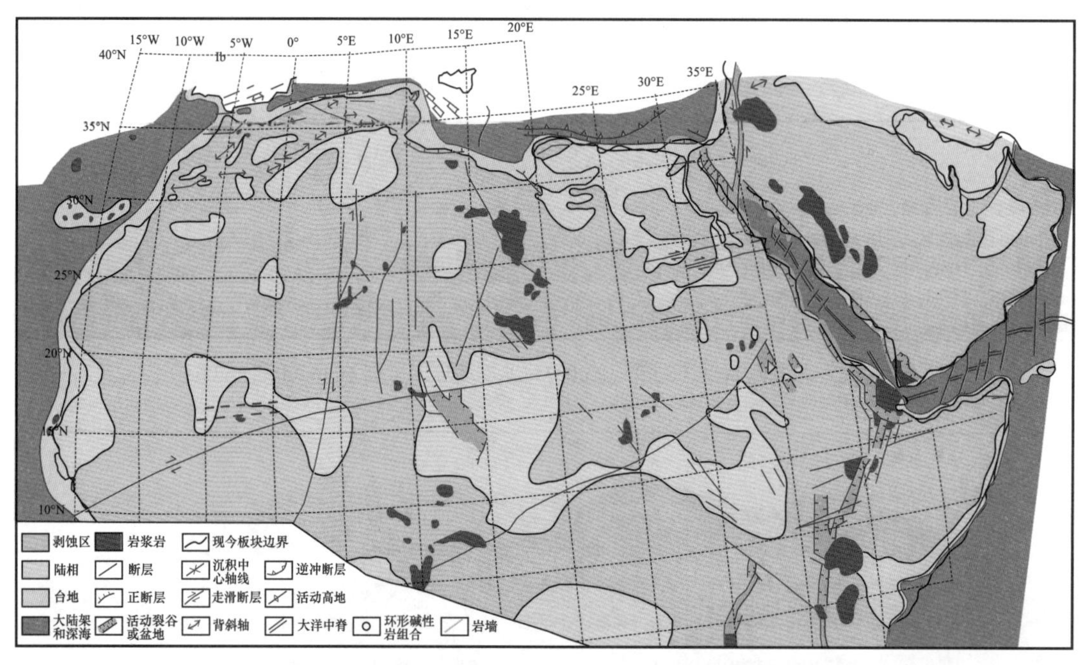

图 2-58 北非上新世—全新世（5.3Ma 至今）古地理图（据 Guiraud 等，2005）

西非和北非地区以陆相物源沉积为主，中新世中期气候变暖发生海侵，沉积了碳酸盐岩。渐新世和中新世，阿拉伯北部和东部以碳酸盐岩台地为主，发生了以下一些重要事件。

① 渐新世初期，随着冰川发育，全球海平面大幅度下降，造成多数陆架出露地表。

② 晚中新世，红海—亚丁湾抬升的裂谷系西部发育了一条大型河流——始尼罗河（Eonile）。

③ 墨西拿期，地中海部分地区变得干燥，与阿尔卑斯造山带一部分的直布罗陀弧和叙利亚弧的发育有关，同期全球海平面小幅下降。

④ 早上新世，海侵至地中海盆地的深墨西拿古峡谷，尤其是埃及和利比亚地区。

⑤ 早更新世后发生了挤压事件。由于构造和冰川相互作用造成海平面升降，在一些海岸线和河谷中发育了6级以上海成或陆成阶地。河流相盆地中，大型粗粒陆相河流阶地保存完好。气候分带特征明显，从非洲北端向南到刚果盆地，冲积层变成了钙结壳、石膏壳、红土沉积等。

2. 岩浆活动及地块抬升

泛非造山作用之后，非洲广泛发育板内和非造山岩浆活动。阿特拉斯造山带和南非的开普褶皱带发育了与俯冲作用有关的岩浆活动。显生宙非洲板块发生碱性环状杂岩体侵位、基性侵入、玄武质火山作用和钙碱性岩浆活动。

晚中新世—晚全新世，伴随裂谷作用，北非中、东部发生了强烈的火山活动，局部火山活动开始于晚始新世。如红海—亚丁湾—东非，约旦和叙利亚的Druze地区，达尔富尔、提贝斯提、霍加尔—埃尔地块，尼日利亚的Jos高原，喀麦隆火山岩带—Adamawa高原，利比亚西部（Jebels El Haruj、Garian等地区）发育大片溢流玄武岩，这些地区均发生了与岩浆侵入有关的区域性抬升。非洲西北部和阿拉伯北部的阿尔卑斯边缘也发生了岩浆作用，西非被动边缘火山岩群岛及高地发育（Madera、Canary、Cabo Verde和Sierra Leone Rise等）。中新世早期岩浆活动最强烈，以碱性组分为主，而在阿尔卑斯造山带也可见钙碱性侵入体。红海—东非区的岩浆作用与裂谷作用伴生，裂谷比地槽中的火山活动要强、岩脉也多。中西非中—新生代盆地的火山岩区远离裂谷，通常出现在横穿穹隆构造的断裂带附近。

撒哈拉发育最广泛的辉绿岩，以岩脉、环状岩墙、岩塞及岩锥的形态侵入沉积地层中。岩脉沿破裂、断层带侵入，其厚度为2～20m，延伸可达100km。岩浆活动时间跨度大，雷甘盆地岩浆活动时间跨度为166Ma，贝沙尔盆地岩浆活动时间跨度为166～170Ma，蒂米蒙盆地岩浆活动时间跨度为189～195Ma，廷杜夫盆地岩浆活动时间跨度为180Ma，反阿特拉斯和摩洛哥阿特拉斯造山带岩浆活动时间跨度为180～200Ma，阿尔及利亚与马里交界岩浆活动时间跨度为230～270Ma。与蒂米蒙盆地和雷甘盆地相比，阿赫奈特盆地和莫伊代尔盆地内的辉绿岩要少得多。

非洲显生宙碱性岩浆活动的高峰期与先于冈瓦纳大陆裂解的中生代早期裂谷作用有关。晚三叠世—早侏罗世玄武岩流侵位最强。晚新生代，东非裂谷系形成，玄武质火山作用又重新活动。

1）东撒哈拉

东撒哈拉地区探井发现了许多熔岩杂岩体，尤其是Hassi Messaoud、Haoud Berkaoui、Rhourde El Baguel、Ouargla和Hassi R′Mel油气田。古达米斯盆地内也广泛分布有熔岩流，其厚度可达120m。二叠系—三叠系熔岩流发育，位于海西期不整合面之上的上三叠统碎屑岩中，为近似连续的岩套，分布在三叠—古达米斯盆地北部。

寒武系—奥陶系沉积岩中的火成岩与玄武岩成分相似，而二叠系—三叠系熔岩流为细碧岩型，火山岩流在海洋环境中结晶，其底部一般为辉绿岩型，顶部为细碧岩型。阿尔及利亚北部的高地地表见到了大量三叠系蛇纹岩。

2）霍加尔地块

霍加尔地块的岩浆活动开始于晚白垩世和始新世，中新世和上新世—全新世火山活动为典型的板块内部碱性火山作用，可能与晚白垩世和始新世期间地幔异常抬升有关。

3）伊利兹盆地

伊利兹盆地东北部石炭系可见20多个环形构造，发生了强烈的火山喷发作用，可能是第四纪期间喷发的。火山沿EW向断层呈直线状分布，其矿物和化学成分表明与碳酸盐型岩浆作用、裂谷作用及发育异常低密度地幔有关，与东非裂谷系和莱茵地堑类似。

撒哈拉地台北部近期的火山作用位于阿尔卑斯期山脉（阿特拉斯），为钙碱性组分（安山岩型），主要作用时期为晚始新世。火山活动持续到第四纪，与俯冲带有关。

新生代大陆火山作用是一个热点产物，与深层地幔柱有关，但也有学者认为是非洲—欧洲碰撞产生的板内应力导致因绝热减压作用使岩石圈—软流圈界面熔融产生的。这次火山活动，加上发生于中生代较早阶段的火山活动，对主力烃源岩热成熟度有明显的局部影响作用，因而对北非地区古生界内的油气资源前景产生了重要的影响。

4）地块抬升

北非地区新近纪构造演化中对古生代油气系统影响较大的一次重要构造作用是霍加尔地块的抬升，此次抬升使伊利兹盆地、莫伊代尔盆地和穆祖克盆地西部沉积遭受了4000～5000m的剥蚀，这些地区现今出露霍加尔地块基底。霍加尔地块经历了两个阶段的演化：第一个阶段为奥陶纪末期的抬升；第二个阶段为全新世的抬升。埃尔地区发现了土伦期沉积。

镜质组反射率资料表明，这些地区曾经为沉积中心，霍加尔地块边缘已形成的圈闭掀斜，在伊利兹盆地南部和穆祖克盆地西、南部形成了局部陡倾的水动力圈闭。

第三节　小　　结

（1）北非划分为四类构造单元，即克拉通、裂谷、褶皱带和被动大陆边缘。

（2）泛非期活动带对后期非洲的板块构造演化和内部裂谷盆地发育有重要影响，在很大程度上决定着裂谷发育的部位和方向。

（3）加里东期，冈瓦纳大陆非洲部分为克拉通盆地，其中西非、北非为海相，其他普遍为陆相。非洲部分长期游弋于高纬度区，唯独早志留世在晚奥陶世冰川沉积之上发育了“热”页岩，是非洲的第一套重要烃源岩，对非洲的油气储量有重要贡献。

（4）海西期为联合（潘基亚）古陆形成阶段，西非、北非延续了浅海沉积。劳亚大陆与冈瓦纳大陆的碰撞，在北非和西非是重要构造事件，决定了志留系—石炭系残余盆地的分布，影响了中非、北非盆地的油气成藏。

（5）中生代为冈瓦纳大陆解体阶段，在此期间，北非在早侏罗世与北美大陆和欧洲大陆分离；南大西洋最早自晚侏罗世从南部开始裂开，裂谷作用逐渐向北传递，到早白垩世晚期阿普特晚期，南大西洋形成；赤道大西洋早白垩世为陆内拉分裂陷，晚白垩世进入被动大陆边缘演化阶段。非洲大陆东缘的裂解始自中侏罗世，经历了早—中侏罗世的裂谷作用及晚侏罗世—早白垩世的海底扩张作用，晚白垩世—新生代进入漂移阶段。非洲北部的地中海，侏罗纪—白垩纪表现为新特提斯洋被动大陆边缘。非洲大陆内部白垩纪以来也发生广泛的裂谷作用。锡尔特盆地的上白垩统为缺氧海湾沉积，形成了良好的烃源岩，使锡尔特盆地成为继尼日尔三角洲盆地后非洲油气富集程度第二高的盆地。

（6）新生代为漂移、裂谷和挤压褶皱阶段，非洲北部边缘由于始新世的阿尔卑斯运动成为造山带，东部东地中海仍残留被动大陆边缘；非洲—阿拉伯板块的新生代裂谷作用从晚始新世持续到早中新世，死海—红海—亚丁湾裂谷系随之形成，东非裂谷系的裂谷作用持续至今。

第三章　北非基本石油地质特征

非洲沉积盆地划分为四大油气区：北非油气区、西非油气区、东非油气区和中西非裂谷油气区。北非油气区的沉积盆地地层和含油气系统以自西向东、自南向北逐步年轻为典型特征。北非西部、南部以古生代克拉通坳陷盆地为主，中部、北部以中—新生代裂谷盆地为主，东北部以新生代裂谷盆地、被动陆缘为主。北非可划分成古生界和盐下含油气系统及中—新生界含油气系统两大类，这两类含油气系统受构造发育历史的控制，海西造山运动是北非最为重要的一次构造运动。

根据非洲构造、沉积演化特点、地质年代、石油地质条件、油气勘探开发现状及前景，将非洲大区 175 个构造单元划分为 70 个沉积盆地、4 大油气区（图 3–1），具体如下。

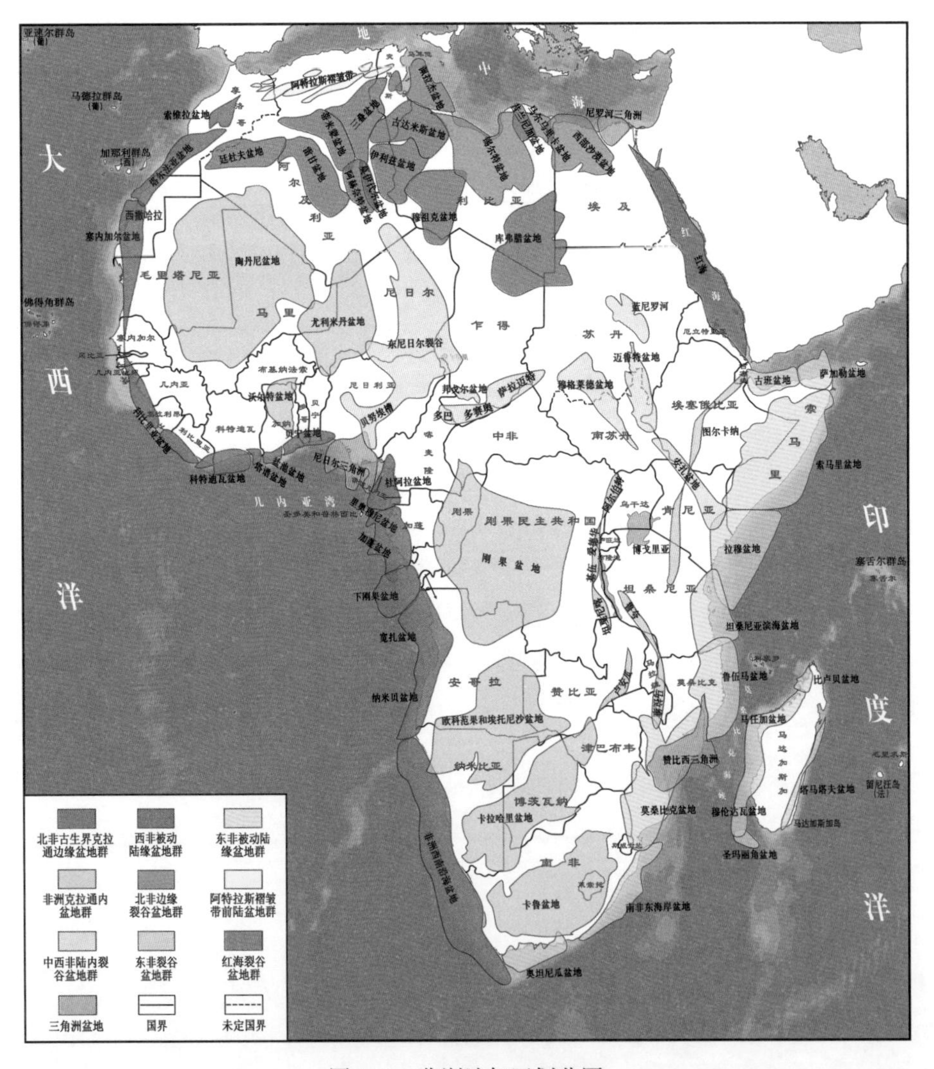

图 3–1　非洲油气区划分图

（1）东非油气区：勘探程度低，以东非裂谷系及东非被动大陆边缘盆地为主，是2000年以来非洲勘探的热点之一，已取得重大发现，东非海域以天然气为主，东非裂谷系以石油为主。

（2）北非油气区：非洲勘探程度最高的油气区，以北非古生代克拉通坳陷盆地、中—新生代裂谷盆地、尼罗河三角洲和新生代被动陆缘、裂谷盆地为主，也是非洲油气资源最丰富的地区和主要产油气区。

（3）西非油气区：以沿岸被动大陆边缘盆地和尼日尔三角洲类型为主，也包括刚果、卡拉哈里和欧科范果等内克拉通盆地。西非油气区是新兴的非洲产油气区，也是2000年以来非洲的勘探热点地区之一，如塞内加尔盆地、几内亚湾等，该地区的尼日尔三角洲是非洲油气资源最丰富的含油气盆地。

（4）中西非裂谷油气区：盆地类型单一，由中—新生代形成的中非、西非陆内裂谷盆地群组成。

本章主要讨论北非油气区的含油气系统特征、油气分布规律和石油地质特征（表3-1）。

第一节　北非油气区含油气系统

北非油气区已发现油气储量占全球已发现油气储量的4%以上，是世界上最活跃的油气勘探地区之一。

一、构造演化旋回

依据北非地区构造演化与油气的关系，显生宙以来，可划分出两个一级构造旋回：冈瓦纳构造旋回、特提斯构造旋回。每一个旋回都以伸展作用为开始，随后为挤压作用，从伸展作用到挤压作用大体上可作为一个完整的威尔逊旋回。北非油气区挤压作用最强的构造区为西北部的阿特拉斯褶皱带。

1. 冈瓦纳构造旋回

寒武纪—奥陶纪，冈瓦纳构造旋回开始伸展作用和裂谷作用，影响了大部分北非地区，表现为坳陷或被动陆缘，形成古生代被动陆缘（泛盆）沉积。

晚石炭世发生海西运动，非洲板块与欧洲板块碰撞形成潘基亚超大陆，古生代伸展作用结束。与海西挤压事件有关的反转构造沿NW—SE向逐渐减弱，影响了整个北非地区。宽广的海西褶皱作用叠加在早古生代构造高地（或地形高地）之上，形成了规模更大的剥蚀隆起区，而在这些地形高地上形成了北非古生界油气聚集构造带和含油气系统。

2. 特提斯构造旋回

早中生代，特提斯构造旋回开始沿大西洋东缘及特提斯洋南缘发育了一系列裂谷。三叠纪，大西洋边缘开始裂谷作用，侏罗纪里阿斯期扩展到阿特拉斯地区，中侏罗世扩展到东地中海。中—晚侏罗世大西洋和西地中海、早白垩世东地中海开始海底扩张作用。

表 3–1　北非地区主要含油气盆地石油地质特征简表

序号	盆地名称	所属国家	面积（km^2）	陆地面积比例	盆地类型	最大沉积厚度（m）	主要沉积时期	烃源岩		储层		盖层		主要圈闭类型
								层位	岩性	层位	岩性	层位	岩性	
1	锡尔特盆地	利比亚	596615	陆地	大陆裂谷盆地	12000	白垩纪—新近纪	白垩系	泥岩	古近系、白垩系	碎屑岩、碳酸盐岩	古近系、白垩系	泥岩、泥灰岩	构造、岩性
2	佩拉杰盆地	利比亚、突尼斯	268170	9：3	被动大陆边缘盆地	8000	白垩纪—新近纪	白垩系	泥岩、泥灰岩	白垩系、古近系	碎屑岩、碳酸盐岩	白垩系、古近系	泥岩、泥灰岩	构造、岩性
3	三叠—古达米斯盆地	阿尔及利亚、利比亚、突尼斯	641226	陆地	克拉通盆地	10000	古生代	志留系—泥盆系	泥岩	古生界、三叠系	碎屑岩	古生界、三叠系、侏罗系、白垩系	泥岩、蒸发岩、碳酸盐岩	构造、岩性
4	伊利兹盆地	阿尔及利亚、利比亚	147073	陆地	克拉通盆地	7000	古生代	志留系—泥盆系	泥岩	古生界	碎屑岩	古生界	泥岩	构造、岩性
5	蒂米蒙盆地	阿尔及利亚、摩洛哥、毛里塔尼亚	198624	陆地	克拉通盆地	7000	古生代	志留系—泥盆系	泥岩	古生界	碎屑岩	古生界	泥岩	构造、岩性
6	阿赫奈特盆地	阿尔及利亚、毛里塔尼亚	83554	陆地	克拉通盆地	7000	古生代	志留系—泥盆系	泥岩	古生界	碎屑岩	古生界	泥岩	构造、岩性
7	雷甘盆地	阿尔及利亚	110781	陆地	克拉通盆地	7000	古生代	志留系—泥盆系	泥岩	古生界	碎屑岩	古生界	泥岩	构造、岩性
8	谢里夫盆地	阿尔及利亚	8064.2	陆地	被动大陆边缘盆地	6000	白垩纪	白垩系	泥灰岩	白垩系、古近系	碎屑岩	白垩系、古近系	泥灰岩	构造、岩性
9	霍德纳盆地	阿尔及利亚	11430.7	陆地	被动大陆边缘盆地	6500	白垩纪	白垩系	泥灰岩	白垩系、古近系	碎屑岩	白垩系、古近系	泥灰岩	构造、岩性
10	穆祖克盆地	利比亚、尼日尔、乍得、阿尔及利亚	408147	陆地	克拉通盆地	8000	古生代	志留系—泥盆系	泥岩	古生界	碎屑岩	古生界	泥岩	构造、岩性
11	廷杜夫盆地	阿尔及利亚、摩洛哥、毛里塔尼亚	222954	陆地	克拉通盆地	7000	古生代	志留系—泥盆系	泥岩	古生界	碎屑岩	古生界	泥岩	构造、岩性

续表

序号	盆地名称	所属国家	面积（km^2）	陆地面积比例	盆地类型	最大沉积厚度（m）	主要沉积时期	烃源岩		储层		盖层		主要圈闭类型
								层位	岩性	层位	岩性	层位	岩性	
12	库弗腊盆地	乍得、利比亚、苏丹、埃及、尼日尔	778173	陆地	克拉通盆地	5500	古生代	志留系—泥盆系	泥岩	古生界	碎屑岩	古生界	泥岩	构造
13	陶丹尼盆地	马里、毛里塔尼亚、布基纳法索	1900000	陆地	克拉通盆地	7500	古生代	志留系—泥盆系	泥岩	古生界	碎屑岩	古生界	泥岩	构造
14	尤利米丹盆地	尼日尔、马里、尼日利亚	634641	陆地	克拉通盆地	4000	白垩纪	白垩系	泥岩	白垩系、古近系	碎屑岩	白垩系、古近系	泥岩	构造
15	沃尔特盆地	加纳、多哥、贝宁	127434	陆地	克拉通盆地	4500	古生代	志留系—泥盆系	泥岩	古生界	碎屑岩	古生界	泥岩	构造
16	尼罗河三角洲盆地	埃及	113348	9：1	被动大陆边缘盆地	10000	古近纪—新近纪	古近系—新近系	泥岩	古近系、新近系	碎屑岩	古近系、新近系	泥岩	构造、岩性
17	北埃及盆地	埃及	51380.2	陆地	被动大陆边缘盆地	9000	古近纪—新近纪	古近系	泥岩	古近系、新近系	碎屑岩	古近系、新近系	泥岩	构造、岩性
18	昔兰尼加盆地	利比亚	63492.4	陆地	被动大陆边缘盆地	7000	白垩纪	白垩系	泥岩	白垩系、古近系	碎屑岩	白垩系、古近系	泥岩	构造、岩性
19	金迪盆地	埃及	11217.6	陆地	被动大陆边缘盆地	7000	白垩纪	白垩系	泥岩	白垩系、古近系	碎屑岩	白垩系、古近系	泥岩	构造
20	上埃及盆地	埃及、苏丹、利比亚	771154	陆地	大陆裂谷盆地	7500	白垩纪	白垩系	泥岩	白垩系、古近系	碎屑岩	白垩系、古近系	泥岩	构造
21	阿布加拉迪盆地	埃及	23592.8	陆地	大陆裂谷盆地	7500	白垩纪	白垩系	泥岩	白垩系、古近系	碎屑岩	白垩系、古近系	泥岩	构造
22	迈尔迈里卡盆地	埃及	71170	8.9：1.1	大陆裂谷盆地	7000	三叠纪—白垩纪	三叠系—白垩系	泥岩	白垩系、古近系	碎屑岩	白垩系、古近系	泥岩	构造

续表

序号	盆地名称	所属国家	面积（km^2）	陆地面积比例	盆地类型	最大沉积厚度（m）	主要沉积时期	烃源岩		储层		盖层		主要圈闭类型
								层位	岩性	层位	岩性	层位	岩性	
23	盖塔拉脊盆地	埃及	9250	陆地	大陆裂谷盆地	7000	三叠纪—白垩纪	三叠系—白垩系	泥岩	白垩系、古近系	碎屑岩	白垩系、古近系	泥岩	构造
24	苏伊士湾盆地	埃及	25909.3	9∶1	大陆裂谷盆地	8000	古近纪—新近纪	古近系	泥岩	古近系	碎屑岩	古近系	泥岩	构造、岩性
25	红海盆地	苏丹、埃及、厄立特里亚	468642	9∶1	大陆裂谷盆地	8000	古近纪—新近纪	古近系	泥岩	古近系	碎屑岩	古近系	泥岩	构造、岩性

在摩洛哥边缘、阿特拉斯、佩拉杰盆地和阿布加拉迪盆地，形成了一系列中生代被动边缘盆地和夭折裂谷。裂谷期的斜向伸展作用影响到北非边缘大部，局部地区形成了转换挤压构造。早白垩世，东地中海的打开形成锡尔特盆地多阶段裂谷作用。阿普特期，陆内转换断层作用使三叠—古达米斯盆地局部发生构造反转。晚白垩世，非洲和欧洲相对运动方向的改变形成了区域反转，尤其是阿特拉斯和西部沙漠区；可见，白垩纪构造事件对盆地圈闭的形成有明显的影响。

阿尔卑斯造山运动主要局限在阿特拉斯地区及附近的盆地，阿特拉斯北部出现了逆冲作用和推覆构造作用，佩拉杰盆地北部转变为平缓的反转构造，三叠—古达米斯盆地受到的影响较小。

北非地区最后一次构造事件为中新世苏伊士湾的打开，这次打开及伸展作用可以看作是又一次威尔逊构造旋回的开始，即第三期伸展作用的开始。

二、沉积演化旋回

与前述两大构造演化阶段所形成的构造旋回相对应，显生宙以来的北非地区沉积盖层可分成上、下两个超级沉积旋回。下部以古生界碎屑岩沉积为主，古生代构造活动、变形较弱，但古生代结束时发生了强烈的构造变形，称为冈瓦纳超级沉积旋回。上部为中生界—古近系碎屑岩、蒸发岩和碳酸盐岩沉积，称为特提斯超级沉积旋回。

1. 冈瓦纳超级沉积旋回

冈瓦纳超级沉积旋回的早期阶段，北非地台之上沉积了广泛分布的高纬度地台型沉积。晚泥盆世逐渐发展与劳亚大陆开始碰撞，地台内部地形高地发生了轻微的抬升。旋回上部，局部地台地形高地之上的沉积作用明显地受到影响，沉积厚度明显减薄。

北非地区沉积主要受板块构造运动控制，形成上、下两段冈瓦纳旋回。

1）冈瓦纳旋回下段

寒武系—下奥陶统 Hassaouna 组层序为厚层状区域性展布的海侵、河流相和河口湾相砂岩，逐渐过渡成浅海相砂岩和最大海泛期页岩（Achebyat 组），呈韵律性分布。高位体系域沉积少见或缺失。海侵砂岩为 Hassi Messaoud、El Gassi、El Agreb 和 Rhourde El Baguel 等油田的主要储层，这些油田分别位于 Hassi Messaoud 脊—Biod 隆起和 Hassi Touareg 构造带上。砂岩杂基含量高且压实作用强烈使孔隙度很低，但海西期的风化、溶蚀和奥地利期构造反转作用形成的裂缝使储层品质有了明显改善。

上覆奥陶系 Arenig 组—Llandeilo Haouz 组以叠加的海退层序为主，底部为薄层海侵层序，向上渐变为海相笔石页岩和向上变粗的三角洲前缘—三角洲顶部高位体系域砂岩，这些砂岩的孔隙度一般都非常低。随后的 Llandeilian—Caradoz Melez Chograne 页岩沿北非地台的广大地区分布海泛沉积，形成了品质较差的烃源岩。

奥陶系 Haouz 组和 Melez Chograne 组被不整合面分隔，反映了下伏泛非基底局部重新活动，局限在长条状地台内地形高地，这些地形高地以 NW—SE 到 SN 向展布。最突出的地形高地包括阿尔及利亚和利比亚的 Ougarta 隆起、Amguid El Biod 隆起、Tihemboka 隆起、Qarqaf 隆起、Calanscio—Al Uwaynat、Al Uwaynat—Bahariyah 地形高地等。

阿什基尔期（O_3），北非地台位于南极附近，非洲和南美大部分地区发育了短期冰盖。Memouniat组冰川沉积代表冰盖后退冰期旋回的沉积。撒哈拉地台南部见深切峡谷充填的河流—冰川沉积，向北至古达米斯盆地、廷杜夫盆地和阿特拉斯一线变成了冰川—海洋沉积。峡谷内的河流相砂岩形成了穆祖克盆地部分地区的重要储层，后期的差异压实形成了圈闭。

Memouniat组为志留系Tanezzuft—Acacus组层序的底部低位楔沉积。最初的海侵以峡谷剥蚀面之上覆盖的残留浅海相砂岩沉积为标志，这些岩石向上渐变为下志留统Tanezzuft组黑色放射性页岩，后冰期海泛期间，沿北非和阿拉伯地台沉积。Tanezzuft组页岩构成了撒哈拉地台之上最重要的烃源岩，TOC含量为2%～17%。Tanezzuft组页岩局部受到了地台内奥陶纪开始的构造活动影响，Tihemboka地形高地为地槽沉积，发育了较厚的富有机质地层层序，向南延伸到了霍加尔、尼日尔甚至乍得。相反，同时期的地形高地上的烃源岩品质有所下降，如穆祖克盆地中部附近和利比亚中部曾经发育的提贝斯提—锡尔特地形高地，再向东南的库弗腊盆地存在Tanezzuft组烃源岩，但生烃潜力低。

早志留世（早兰多维列世），北非地台在海泛作用之后为三角洲和三角洲顶部高位体系域，地层为Tanezzuft组和Acacus组，自晚兰多维列世至罗德洛世，向海进积；该层序的薄层浊积岩、陆架和三角洲远端砂岩为利比亚西部和突尼斯的几个油气聚集区提供了中等—差储层。

该层序以区域分布的不整合面结束，反映了晚志留世冈瓦纳边缘周期性的裂谷作用和地壳分离作用。后续以海侵为主的层序包括晚志留世（普里道利世）至早—中泥盆世埃姆斯期—艾菲尔期的Tadrart—Ouan Kasa组和F6—F5—F4组。Tadrart组（F6组）砂岩储层由四个以上的海侵旋回构成，每套层序底部为河流相砂岩，向上渐变为潮汐远端海洋沉积。向北大范围减薄，地台内构造地形高地局部减薄。这些砂岩物源来自东南方向，岩性比下伏Acacus组粗。Tadrart组（F6组）是伊利兹盆地和古达米斯盆地的重要储层。

中—晚泥盆世，地层变得更加复杂，反映了造陆活动逐渐增强。艾菲尔期—吉维特期，抬升和剥蚀作用使Tadrart—Ouan Kasa组沉积结束。其后为广泛分布的海侵，逐渐形成一系列沉积旋回，每个旋回都受地台内地形高地的影响。这些中—上泥盆统旋回由海退、河流相为主的三角洲体系组成，每个旋回面上为剥蚀面，在下切峡谷中沉积了海侵页岩、页岩和铁质鲕粒灰岩。

穆祖克盆地中泥盆统很薄或缺失（下Aouinet Ouenne组Ⅰ段和Ⅱ段），古达米斯盆地中泥盆统为Emgayet组。伊利兹盆地由海退层序组成，是伊利兹盆地重要储层之一。

2）冈瓦纳旋回上段

中—晚泥盆世，地台内造陆运动开启了冈瓦纳大陆和劳亚大陆间最初的碰撞，晚古生代冈瓦纳大陆和劳亚大陆逐渐拼合成潘基亚超大陆。北非地台西北角开始变形，早石炭世晚谢尔普霍夫期，逐渐向东卷入整个阿特拉斯地区。在毛里塔尼亚—华力西造山带南部形成了前陆盆地，在地台内部线性排列的NW向构造带发生垮塌，代之以NE向的地形高地。提贝斯提—Tripoli（Brak—Ghanimah）和Calanscio—Al Uwaynat地形高地发生沉降，而提贝斯提—锡尔特抬升隆起。

上泥盆统弗拉阶底部的不整合面反映了泥盆系内的造陆运动，在Ougarta和Qarqaf隆起发生了明显的剥蚀作用。随后的弗拉阶为明显的海侵沉积，北非地台大面积沉积了富有机质页岩，即 Argile 放射性页岩；与底部的 Tanezzuft 组放射性页岩地层相比，Argile 放射性页岩也是古达米斯和伊利兹盆地的主力烃源岩，TOC 含量为 2%～14%。其他地区的 Argile 放射性页岩分布至少延伸到了埃及西部。

上覆上弗拉阶—下托阿尔阶层序为较薄的上 Aouinet Ouenine 组（Ⅲ段和Ⅵ段）—Ouenine-Shatti 砂岩地台型三角洲沉积，与伊利兹—古达米斯盆地 F2 组、上覆 Tahara 组砂岩皆为伊利兹盆地和古达米斯盆地的重要储层。

石炭纪，北非地台受地台内地形高地、逐渐发展的褶皱和逆冲带的控制，并且以三角洲沉积为主。古达米斯盆地维宪期 M′ rar 组为一系列叠覆状的河流—三角洲沉积旋回。早谢尔普霍夫期区域海侵结束，形成 Assedjefar 组河流—三角洲沉积。三角洲沉积之上覆盖了海相页岩和 Assedjefar 组藻类叠层石灰岩。下石炭统砂岩是伊利兹盆地和阿赫奈特盆地的主力储层，该层序向古达米斯盆地延伸有限。以碎屑岩为主的沉积体系向南海侵到中—上石炭统之上，莫斯科期形成了浅海相碳酸盐岩和蒸发岩。晚莫斯科期，逐渐增强的海西造山带将撒哈拉地台中、西部与东部隔离，中、西部以陆相砂岩和页岩为主，而在东部以碳酸盐岩台地沉积为主。

晚石炭世中—晚莫斯科期，毛里塔尼亚—华力西造山作用最强，阿特拉斯和反阿特拉斯地区发生了区域抬升和海侵。地台内部发生变形，形成了一系列宽广的克拉通内坳陷、前陆盆地和隆起或鞍部，早古生代定型的地台内构造轴再次抬升。Ougarta、Reguibat 和 Biod 隆起及 Meharez 和 Oued Namous 穹隆强烈抬升正向构造，也形成了 Tilrhemt 穹隆、Dahar 隆起、Talemzane 隆起和 Qarqaf 隆起。早二叠世，这些地形高地剥蚀夷平为准平原。

2. 特提斯超级沉积旋回

随着晚古生代—早中生代潘基亚大陆的解体，北非地台再次成为特提斯洋的被动大陆边缘，形成了陆内坳陷盆地——三叠盆地，沉积了厚层三叠纪—早白垩世沉积。中—晚白垩世沉积在撒哈拉地台上分布广泛，在利比亚东部、埃及西部和锡尔特盆地内发育了与大型裂谷有关的沉积中心。古近纪沉积主要局限在地台北缘，晚古近纪与欧洲大陆碰撞，在马格里布地区发生造山作用，特提斯超级沉积旋回结束。

1）特提斯旋回下段

随着二叠纪特提斯洋和东地中海盆地的打开，晚石炭世—早二叠世，裂谷作用和地壳分离是潘基亚大陆解体的第一个阶段。在 Talemzane—Djeffara 隆起北侧沉积了同裂谷二叠系碎屑岩和礁滩相碳酸盐岩，而与裂谷系抬升有关的陆相 Tiguentourine 碎屑岩沉积在撒哈拉地台南部。裂谷作用和地壳伸展作用向西逐渐发展，三叠纪到达毛里塔尼亚—华力西造山带，地壳呈分散状伸展。早侏罗世，高阿特拉斯、中阿特拉斯和撒哈拉阿特拉斯地区及地台西缘发生了局部裂谷作用。中侏罗世，随着特提斯洋和中大西洋的打开，地壳分离。

中生代，裂谷作用减弱，北非地台沉降，沉积了陆相碎屑岩、蒸发岩和碳酸盐岩。晚二叠世，东地中海盆地开始海侵，形成了三叠系河流相砂岩和页岩，向南海侵到准平原化的海西不整合面之上，是三叠盆地重要储层之一。该层序底部的 Triassic Argilo—Greseux Inferieur（TAGI）段及 Hassi Touareg 地区的对应地层，沉积在古达米斯盆地，主要为辫状河—三角洲砂岩沉积，西北向横向相变成页岩和火山岩。该层序向上渐变成泥岩、湖相碳酸盐岩和第二个砂岩沉积单元，即 Triassic Argilo—Greseux Superieur（TAGS）段，向北相变为上三叠统（S_4）泥岩和盐岩。

Hassi Messaoud 脊西北部和北部发育了相同地层的底部河流相砂岩和页岩层序，是韦德迈尔次盆北部和 Hassi R′ Mel 油气聚集带的主要储层。底部砂岩的下部单元（单元 C）为局限在不整合面之上不规则的剥蚀低地内的沉积，随后的砂岩单元（单元 A 和 B）分布更为广泛，向上变成了上三叠统（S_4）盐岩单元的冲积相泥岩和蒸发岩。里阿斯期沉积砂岩和页岩，向南和北上超在海西不整合面之上，渐变为厚层韵律性石膏、盐岩（S_1、S_2 和 S_3）及互层状泥岩。砂岩沉积代表高位体系域，与宽广的冲积盆地内低位体系域沉积的蒸发岩交替出现，局限在东北部的特提斯海湾。

晚里阿斯期，蒸发岩沉积基本结束，中—上侏罗统为海侵海相页岩、碳酸盐岩和边缘三角洲砂岩向陆推进层序。下白垩统为海退沉积，广泛发育三角洲沉积体系。早阿普特期，在南大西洋地壳分离和海底扩张作用影响下沉积结束，沿先存古生代及泛非构造活动带发生转换挤压—扭错断层作用及抬升，局部地区发生了强烈的断层作用和抬升。形成 SN 走向的 Amguid—Hassi Touareg 构造带，伊利兹盆地东南缘和穆祖克盆地西部的 Tihemboka 隆起经历了强烈的断层作用和抬升。

2）特提斯旋回上段

地台型沉积持续到晚白垩世。阿布加拉迪盆地裂谷作用重新活动。塞诺曼期，锡尔特裂谷发生快速沉降。此时，非洲和欧亚板块相对运动发生改变，阿特拉斯盆地、昔兰尼加和埃及西部发生了轻微反转。随后，地台变为相对地形高地，北非地台西部沉积了薄层古近系。古近纪，阿尔卑斯造山作用增强，特提斯洋西部开始关闭，阿特拉斯盆地于早始新世发生反转，此时非洲板块和 Kabylie 块体开始碰撞。晚渐新世—中新世，非洲板块与欧亚板块的会聚速率加快，在摩洛哥、阿尔及利亚和突尼斯北部构造活动最为强烈，发生了马格里布褶皱作用和逆冲推覆构造作用。

三、含油气系统

依据北非构造沉积演化和油气分布规律，将北非含油气系统划分为古生界和盐下含油气系统及中—新生界含油气系统两大类，这两大类含油气系统受构造沉积演化的控制，其中海西造山运动是北非古生代最为重要的一次构造运动。通过分析烃源岩与储层的关系，将盐下三叠系储层也包括在古生界含油气系统中（图 3-2、图 3-3）。

古生界含油气系统主要位于北非地区中西部古生代克拉通坳陷盆地，烃源岩以古生界志留系—泥盆系页岩为主，油气主要聚集在古生界和三叠系储层中，以碎屑岩为主，盖层主要为区域分布的巨厚三叠系—白垩系碳酸盐岩、蒸发岩，由于北非中西部区域盖层发育，导致油气难以穿越盖层。

中—新生界含油气系统主要位于北非地区中东部裂谷盆地、三角洲盆地和被动陆缘。烃源岩以白垩系、古近系、新近系泥页岩、泥灰岩为主，碳酸盐岩、碎屑岩储层均发育，油气主要聚集在中—新生界储层中，少数运移至古生界储层中（图 3-4）。

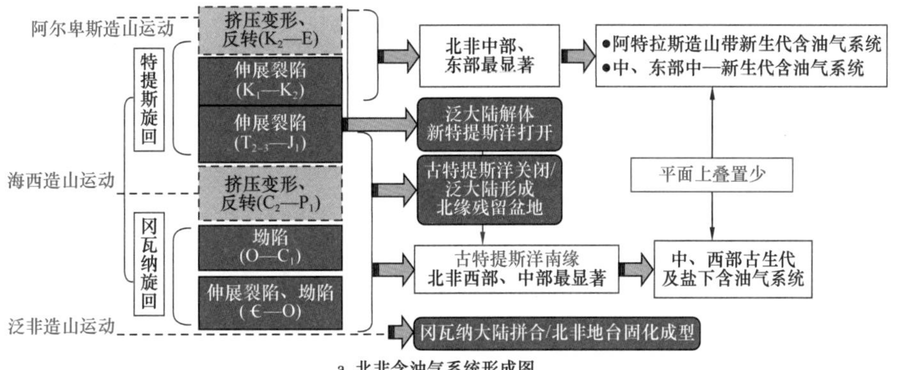

a. 北非含油气系统形成图

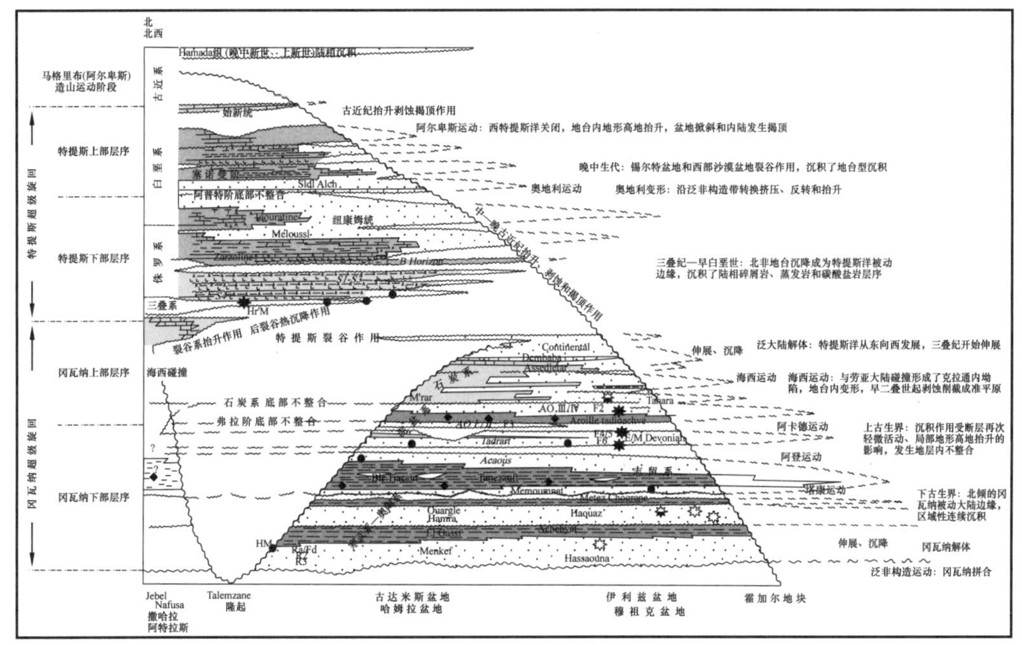

b. 北非构造沉积演化旋回剖面图

图 3–2　北非构造沉积演化及含油气系统形成

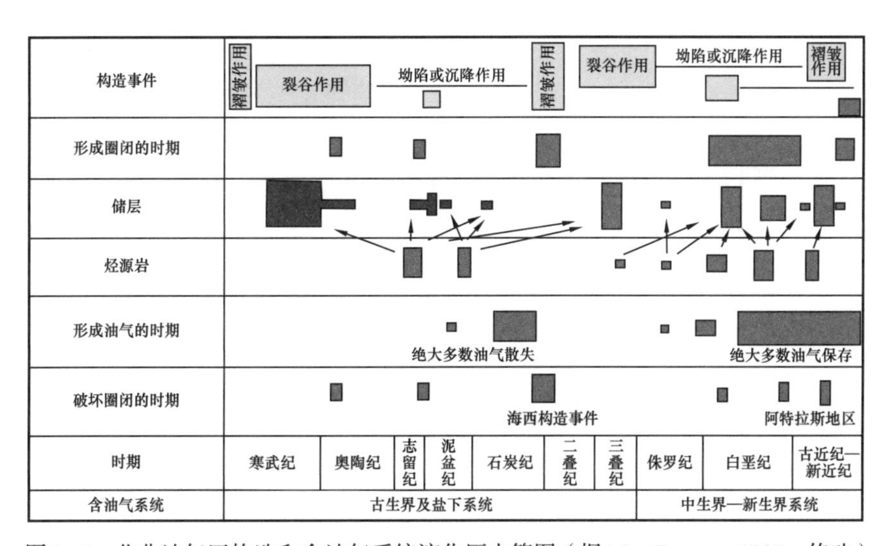

图 3–3　北非油气区构造和含油气系统演化历史简图（据 MacGregor，1998，修改）

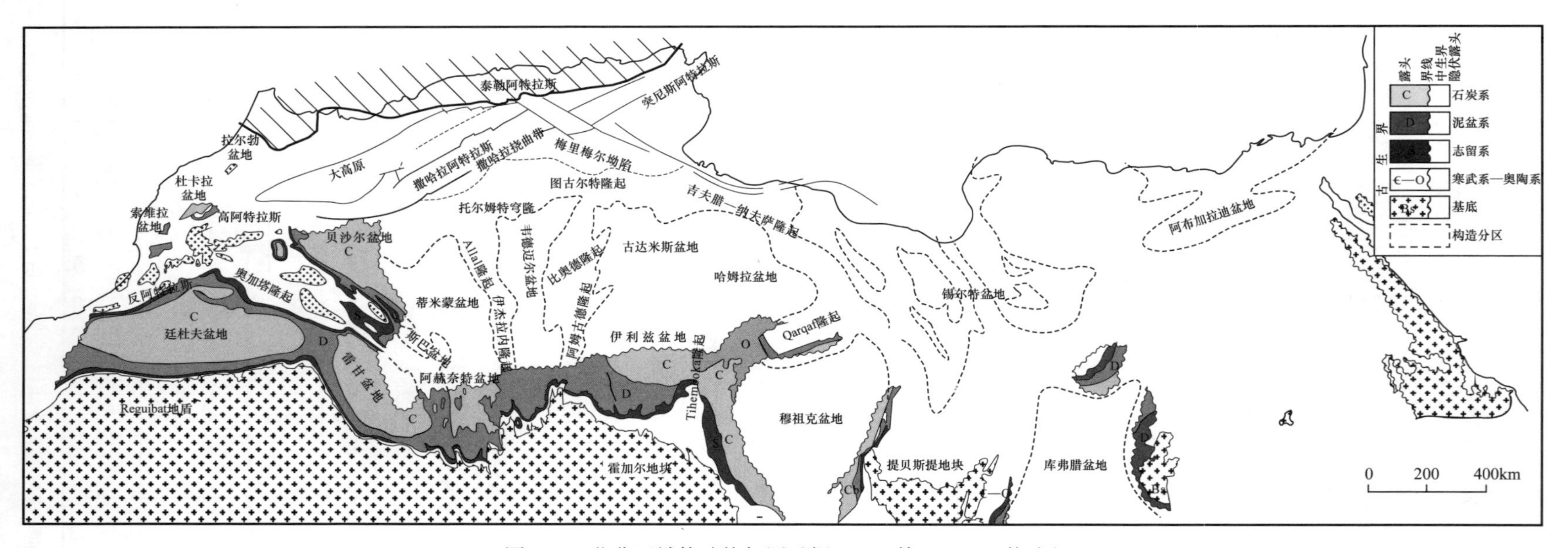

图 3–4　北非区域构造格架图（据 Boote 等，1998，修改）

第二节　北非古生代含油气盆地石油地质特征

一、烃源岩

北非油气区古生界主要烃源岩为下志留统下段 Tanezzuft 组底部的放射性热页岩，其次为上泥盆统弗拉阶热页岩，奥陶系、泥盆系和石炭系内的其他页岩层基本可以忽略不计。

1. 下志留统

下志留统底部的热页岩为北非古生界含油气系统贡献了 80%～90% 的油气。整个下志留统 Tanezzuft 组厚度为 300～700m，而富有机质的泥岩层段一般仅限于下志留统 Tanezzuft 组下段的热页岩，在古生代盆地群厚度为 10～70m，其上为数百米的 Tanezzuft 组贫有机质页岩，这些页岩为无效烃源岩。底部热页岩 TOC 含量一般为 2%～17%，局部地区有所变化，多为 Ⅰ 型或 Ⅰ—Ⅱ 型干酪根。总之，该层烃源岩生烃潜力巨大。

据 Luning 等（2000）下志留统底部热页岩的分布及沉积模式表明，沉积首先与晚奥陶世短暂（仅持续了 0.5～1.0Ma）的冰川作用关系密切。晚奥陶世赫南特期，在北非克拉通形成了一系列冰蚀地槽、冰川河谷等凹凸不平的地形。其次与早志留世的大规模海侵有关，随着短暂的冰期结束，大量冰川融化；志留纪，非洲板块向北部低纬度地区漂移引起温度上升，造成了全球性海平面上升，导致冰川作用形成的地形凹地和地形低地遭受海侵，在这些低地中形成了局部缺氧环境，沉积了富有机质笔石页岩。而在冰川峡谷等地形高地上，则沉积了贫有机质页岩。因此，下志留统底部热页岩的沉积分布也是局部的。

最富有机质的热页岩主要位于北非克拉通的北部地区，主要包括蒂米蒙盆地、贝沙尔盆地、阿赫奈特盆地、韦德迈尔盆地、古达米斯盆地、伊利兹盆地、穆祖克盆地局部等。整体处于北非克拉通南部地区，因地形相对抬高，海侵水体深度有限，因此这些地区沉积岩有机质含量较低。而在富有机质沉积的北非克拉通中北部地区，坳陷内的有机质含量高，相对地形高地上的有机质含量也较低，一般沉积物岩性变粗。可见，北非克拉通区下志留统底部富有机质热页岩的分布也是局部的。

海西运动较大影响了北非克拉通区，其北部和一些 SN 向、EW 向构造活动带遭受剥蚀，部分盆地志留系遭受剥蚀，如韦德迈尔盆地，仅盆地中心保存了志留系沉积，盆地边部因褶皱抬升而遭受剥蚀。大型隆起区的志留系也剥蚀殆尽，如 Amguid El Biod 隆起、Hassi Messaoud 脊、Tilrhemt 穹隆—Dahar 隆起—Nafusa 隆起等大型“T”形背斜隆起上，海西作用剥蚀了寒武系—奥陶系，局部剥蚀了前寒武系基底。海西不整合面是油气运移的良好通道，加上一些古生界内砂岩的连通性较好，有利于油气长距离横向运移到圈闭中，聚集形成非洲最大的油田。

因此，北非地区古生界油气成藏要素中，一方面下志留统底部热页岩的有机质含量高，生烃潜力大；另一方面，即使在海西剥蚀区或当时因地形高地未沉积富有机质地层的构造，均不影响志留系底部热页岩生烃。志留系底部热页岩生烃潜力大，分布范围广，是北非最重要的古生界烃源岩。

北非古生代盆地中，部分盆地志留系烃源岩生烃潜力有限，如廷杜夫盆地、陶丹尼盆地、尤利米丹盆地、沃尔特盆地和库弗腊盆地。钻井及露头证实，均未见到下志留统的富有机质热页岩层，大致与之对应的层位均为粉砂岩，砂质、粉砂质含量增加。露头或钻井显示下志留统厚度仅100～130m。因此，不利于冈瓦纳北部形成黑色页岩的广海环境，使该地区鲁丹期沉积的页岩内的有机质含量减少。在北非克拉通区靠近南部的地区，下志留统厚度总体要薄得多。

以下志留统底部热页岩为烃源岩的含油气系统在整个北非古生代盆地区均有分布。

2. 上泥盆统

上泥盆统弗拉阶热页岩具有与志留系热页岩类似的高伽马值、高放射性、高有机质含量，为富有机质热页岩，也被称为Argile放射性页岩，是北非地区次重要的烃源岩，该烃源岩为北非古生界含油气系统贡献了约10%的油气。

弗拉阶烃源岩主要分布在古达米斯盆地、伊利兹盆地、阿赫奈特盆地和斯巴盆地等。其中，古达米斯盆地和伊利兹盆地中的弗拉阶厚度较大，分别为25～100m和25～220m。古达米斯盆地底部放射性层段的TOC含量较高，一般为8%～14%，伊利兹盆地的TOC含量为2%～6%，它们均为Ⅰ—Ⅱ型干酪根。

上泥盆统富有机质热页岩是中泥盆世构造运动（相当于阿卡德运动中期）之后的大规模海侵在局部缺氧环境中形成的沉积。

从区域展布来看，上泥盆统弗拉阶有机质页岩广泛分布在北非克拉通中西部地区，其沉积范围与下志留统热页岩的范围大体一致。相比而言，弗拉阶页岩厚度变化较下志留统页岩的厚度变化更频繁。

与下志留统热页岩受海西运动剥蚀作用影响不同，上泥盆统弗拉阶较志留系更易受到剥蚀作用的影响。下志留统页岩在整个北非克拉通沉积区多是局部地区剥蚀，但沿全盆地均有分布（仅有“T”形背斜的部位剥蚀）。弗拉阶页岩在海西运动抬升比较强烈的地区会遭受剥蚀，如在韦德迈尔盆地、莫伊代尔盆地绝大部分地区均缺失弗拉阶。因此，在韦德迈尔盆地—莫伊代尔盆地区缺失弗拉阶烃源岩。弗拉阶烃源岩主要发育在古达米斯盆地、伊利兹盆地和斯巴盆地，其他古生代盆地中见到的弗拉阶烃源岩的含油气系统很少。

前寒武系、奥陶系和石炭系页岩的烃源岩品质资料有限，总体上对油气藏的贡献极为有限。

二、储层

北非地区几乎所有古生界中均发育砂岩储层，岩相、地层和沉积成岩作用不同，储层品质差异较大。三叠系底部的储层主要分布在阿尔及利亚、突尼斯和利比亚西部的三叠盆地中，该砂岩层向南上超在海西不整合面之上。

1. 寒武系

寒武系储层主要为寒武系上部的R1层（包括Ra层和Ri层），主要发育在“T”形背斜的 SN 向背斜带及构造带上，主要沿阿尔及利亚中部的 Amguid El Biod 隆起—Hassi Messaoud 脊分布。比较著名的油田有 Hassi Messaoud 脊上的 Hassi Messaoud 巨型油田、Amguid El Biod 隆起—Hassi Touareg 构造带上的 El Agreb、El Gassi、Meaadar 和 Rhourde El Baguel 油田等。共同特征是均位于海西构造带或海西抬升隆起带上，海西构造作用期间，它们抬升遭受了强烈剥蚀，使奥陶系及以上的古生界基本上全部被剥蚀掉，寒武系出露地表。

寒武系 Ra 储层的孔隙度一般为 2%～12%，平均约为 8%，渗透率为 0～1000mD。总的来说，寒武系的储层品质较差。寒武系压实作用强烈，储层品质变差。寒武系未出露地表地区未发现寒武系储层的油气藏。

寒武系出露地表地区，寒武系储层因风化作用和长石矿物溶解，使砂岩孔隙度有所增加，并形成裂缝。同时，海西不整合面的风化剥蚀和重力滑动也有利于使原先的裂缝普遍打开，使寒武系储层的品质及油气储集性能明显改善。这也是主要沿海西期寒武系暴露地表的地区（“T” 形背斜之上），寒武系储层内沿不整合面油气运移聚集成藏的主要原因。

2. 奥陶系

总体来说，北非克拉通区南部古生代盆地和各盆地的南部及盆地内的构造或地形高地的奥陶系砂岩含量较高，盆地沉积中心和较深部位奥陶系中泥质含量增多，奥陶系的物源主要来自北非克拉通区南部。

奥陶系储层的油气藏，主要分布在穆祖克盆地、伊利兹盆地、古达米斯盆地、韦德迈尔盆地和阿赫奈特盆地中。油气排注作用发生在下志留统烃源岩和奥陶系储层由于断层使二者直接接触的位置，下志留统 Tanezzuft 组页岩产出的油气直接运移到奥陶系储层中。奥陶系可分成三套储层，分别是 Oued Saret 组（相当于 Memouniat 组、Ⅳ单元）、Hamra 组石英砂岩（相当于 Ouargla 组、Haouaz 组）和 El Atchane 组等。其中上奥陶统 Oued Saret 组（相当于 Memouniat 组、Ⅳ单元）河流—冰川沉积的储层品质最佳，主要为沉积在侵蚀古峡谷内的砂质冰川—冰缘沉积。古生代盆地北部奥陶系岩相演变为更富泥质的海洋沉积，勘探成功率急剧下降。奥陶系储层埋藏较深的地区砂岩压实而导致孔隙度减小，储层品质变差。在盆地内地形高地上，奥陶系砂质含量较高。古达米斯盆地、伊利兹盆地中单元Ⅳ的奥陶系储层岩相横向相变频繁，孔隙度为 6%～10%，少数层段达 12%。

在北非克拉通区北部的广大地区，钻遇奥陶系储层较少，主要原因是埋藏较深，仅发现了少量奥陶系储层油气田，一般含湿气（Bridges 气田和 Gassi El Adem 气田）。

北非南部盆地（穆祖克盆地、伊利兹盆地和阿赫奈特盆地）内的奥陶系产层一般位于上奥陶统冰川—河流、冰缘沉积中，沉积物岩性粗，储层品质较好，但横向和垂向相变频繁，储层品质受冰川河道等沉积环境的控制。

3. 志留系

主要为上志留统的 Acacus 组（相当于伊利兹盆地和古达米斯盆地的 F6 组）砂岩，志留系沉积受 NE—SW 向构造的控制，河流流向表现为自 SW 向 NE 方向。

总体来说，北非克拉通区志留系也表现为南部砂岩含量多、北部砂岩含量少的特点，南部的霍加尔地块和阿尔及利亚中部 Biod 隆起为物源区，靠近物源区一般发育辫状河沉积，远离物源区则逐渐过渡为曲流河和泛滥平原沉积，泥质含量增多。

伊利兹盆地志留系砂岩储层品质良好，孔隙度为 10%～15%，最高可达 20%，渗透率在 100mD 左右。Acacus 组砂岩分布在盆地南部和中部油田区，孔隙度较高，一般为 20%～25%，局部超过 30%。由南向西北方向，储层物性变差，盆地西北部孔隙度为 12%～15%。

古达米斯盆地志留系为产油层，主要位于西北部靠近物源区。伊利兹盆地志留系 F6 组下段在 Stah、Ohanet 油田产油气。该套储层发育一方面与志留系沉积环境有关，盆地南部靠近物源区，河流沉积较发育，向北逐渐发育海洋沉积，粒度变细，泥质含量增加，储层物性下降。另一方面与加里东运动（阿登运动）有关。北非克拉通区西北部加里东运动强，东南部、东部弱，使北非地区西北部、北部的下古生界遭受剥蚀，志留系上部（包括上志留统和下志留统上部）遭受剥蚀，北非克拉通区北部韦德迈尔盆地缺失志留系储层。古达米斯盆地受加里东运动的变形影响程度弱，部分地区保留了上志留统 Acacus 组砂岩，若其上还保留上志留统顶部页岩，则 Acacus 组砂岩中可能聚集油气。伊利兹盆地近南部的志留系储层品质较好，加上加里东运动变形程度弱、剥蚀地层少，因此，也发育了以志留系为储层的油气藏。

在加里东运动相对较弱且上志留统 Acacus 组沉积被保留的条件下，是否聚集成藏主要与上志留统顶部的页岩层是否被剥蚀掉有关。如果顶部页岩层被剥蚀掉，那 Acacus 组砂岩就会与其上覆的下泥盆统 Tadrart 组砂岩连通，Acacus 组砂岩就难以聚集成藏，油气会继续向上运移到上覆 Tadrart 组砂岩中；而如果上志留统顶部页岩层存在发育区，那上志留统砂岩内就能够聚集成藏。

4. 泥盆系

泥盆系储层较多，可分为下泥盆统和中—上泥盆统储层。其中，下泥盆统储层主要发育于吉丁期和齐根期（利比亚境内称为 Tadrart 组和 Ouan Kasa 组，分别相当于阿尔及利亚境内的 F6 组和 F5 组）。Tadrart 组（F6 组）分布范围较广，在北非大部分地区均有分布，主要由细砂岩、中砂岩和粗砂岩组成，属于分布广泛的河道砂沉积。Ouan Kasa 组（F5 组）相变快，难以在盆地范围内对比，在隆起区受中泥盆世末期中阿卡德运动的影响，遭受剥蚀或缺失。

Tadrart 组在盆地范围内连续分布，因受阿登造山作用的影响，沉积时发生海退，以砂岩、细砂岩为主，盆地南部的孔隙度较高，一般为 15%～20%，盆地中部和深部，孔隙度下降，不超过 8%～10%，向北孔隙度又有所升高，为 11%～14%，是伊利兹盆地（Tin Fouye—Tabankort 油田）和古达米斯盆地的主要产层。韦德迈尔盆地沉积时海水逐渐变浅，粉砂质含量增加，吉丁期末粉砂质—泥质沉积逐渐变成了砂质沉积。该套地层的成岩史复杂，硅质次生加大生长，破坏了原始孔隙；硅质胶结物后期溶解，形成大量次生孔隙；黏土矿物的胶结作用，又使孔隙度和渗透率下降。

Ouan Kasa 组（F5 组）下部岩性变化大，总体表现为海退沉积，在韦德迈尔盆地沉积了细粒—中粒砂岩，分选好—中等。F5组是伊利兹盆地的主要产层。

北非地区下泥盆统砂岩储层也表现出南部砂质含量高、砂岩丰富，北部泥质含量高的特点。盆地内，在地形高地上碎屑颗粒粗、砂质含量多，盆地中部泥质含量多。已发现油气田主要分布在伊利兹盆地和古达米斯盆地中。

中—上泥盆统岩性变化大，储层薄，在一些局部古地形高地上储层物性较好。伊利兹盆地中，F4组产油，伊利兹盆地的Alrar地区F3组产气，利比亚的Al Hamra高地上Aouinet组（上泥盆统）产油，阿尔及利亚的F2—Tahara组产气。

韦德迈尔盆地北部，中—上泥盆统因中—晚泥盆世的阿卡德运动及晚泥盆世末期的布雷顿运动使中—上泥盆统全部被剥蚀，只见到下泥盆统吉丁阶和齐根阶。

5. 三叠系

三叠系储层主要发育在北非克拉通北部，包括古达米斯盆地和韦德迈尔盆地在内的三叠盆地区，主要发育在阿尔及利亚、突尼斯和利比亚境内。三叠盆地区内各盆地的沉积环境和沉积格局基本相似，总体表现为韦德迈尔盆地和古达米斯盆地间的Biod隆起、南部的Qarqaf隆起、北部的Telemzane隆起、纳夫萨高地等海西期形成的地形高地为物源区，河流整体向北流动，从物源区流向北部的低地形区及特提斯洋。在近地形高地区主要发育辫状河沉积，它们通常会组成侧向上连续性好的席状砂体，高砂泥比（Biod隆起附近的Gassi Touil Rhourde Nouss油田、Nezla Hassi Chergui油田等）；在河流下游发育曲流河，为长条状河道砂体（突尼斯的Bhourde El Rouni油田、El Borma油田等）。再向北，这些曲流河逐渐相变为河漫滩、三角洲沉积环境，砂体分布杂乱，泥质含量更多。因此，在近古地形高地区，砂岩储层品质好，为油气成藏优势区。曲流河沉积体系的长条状砂体内聚集油气田。

三叠系在阿尔及利亚为Trias Argilo Greseeux组（TAG），利比亚为Ras Hamia组，突尼斯称为Kirchaou组。阿尔及利亚部分，三叠系下部砂质沉积也称为TAGI段，可分成四个砂岩层段，包括（从下到上）下部层序（Lower Series，也称为SI）、砂岩C、砂岩B和砂岩A等。其中砂岩C和砂岩B层段及其间的泥岩层称为T1层，砂岩A称为T2层。砂岩C、砂岩B和砂岩A层段间均发育了泥岩。

SI沉积在海西剥蚀面之上，其沉积展布受海西剥蚀面形态的控制，因此其沉积分布表现为透镜状或楔状。在发育了火山岩及海西剥蚀高地的地方，SI厚度变薄，而在这些地形高地和火山喷发区之间，SI沉积厚度加大。

在下部层序（SI）之上，沉积了火山岩层，火山岩层主要位于Hassi Messaoud脊西部的Guellala地区，该火山岩地形控制了T1层的沉积，从该区北部向东北部的Guellala地区和南部的Takhoukht地区变薄。

砂岩C沉积于海侵的浅海环境，砂岩B沉积于河流—三角洲环境，砂岩A沉积于砂岩B泥坪上的数个小型河流汇水处，沉积环境为曲流河。北部地区沉积于海洋环境中。

韦德迈尔盆地中，SI储层厚度为20～25m，T1层（包括砂岩C和砂岩B）主要发育在Tilrhemt穹隆之上及韦德迈尔盆地的东北部，T2层（包括砂岩A）有效厚度为25～35m，孔隙度为15%～25%，渗透率达1000mD。

三、盖层

根据泥页岩层、蒸发岩层的分布特征，北非克拉通区可分为两大类型的盖层，它们也构成了北非地区不同的含油气系统。一大类盖层是中生代区域性展布的泥岩、蒸发岩及火山岩盖层，它们主要分布在阿尔及利亚中北部、突尼斯和利比亚西部，也就是三叠盆地区分布范围。另一大类盖层是古生界内的泥页岩盖层，主要分布在北非地区南部盆地中，主要包括阿赫奈特盆地、斯巴盆地、蒂米蒙盆地、伊利兹盆地、古达米斯盆地南部和穆祖克盆地、库弗腊盆地等，也是中生代三叠纪—侏罗纪发育非海相沉积的盆地区，即非三叠盆地区。在第二大类盖层盆地区，中生界多为陆相，相变为粒度较粗的碎屑岩且厚度较薄。

从盖层品质来说，三叠系—侏罗系泥岩、蒸发岩和火山岩层厚度大，区域分布范围广，封盖性能佳，因此，三叠盆地区该层盖层之上未见到任何含油气系统。

古生界盖层条件比较复杂，主力盖层为下志留统 Tanezzuft 组页岩和上泥盆统弗拉阶页岩，它们分别是寒武系—奥陶系、下泥盆统 F6 组、F4—F5 组主力储层的盖层。石炭系、下泥盆统的页岩、碳酸盐岩层为次要盖层，分别封盖上泥盆统 F2 组储层和下泥盆统底部 Tadrart 组储层。

四、圈闭

北非克拉通区的古生代坳陷盆地内发育了不同类型的圈闭，主要包括构造圈闭、构造—地层复合圈闭和非构造圈闭。其中构造圈闭又包括宽广隆起圈闭、伸展断块圈闭、挤压反转背斜圈闭、低幅度背斜圈闭和不整合面圈闭等。非构造圈闭包括岩性—地层圈闭（地层楔状尖灭、渗透率变化圈闭）、岩相圈闭、地层圈闭、与火山岩有关的覆盖、沉积物差异压实圈闭、成岩圈闭及水动力圈闭等。这些不同类型圈闭发育在不同构造区及沉积环境区，也形成了不同规模的油气藏。

宽广的大型隆起圈闭有利于聚集巨型油气藏，如 Hassi Messaoud 脊上的 Hassi Messaoud 巨型油田、Tilrhemt 穹隆的 Hassi R′ Mel 巨型气田。这两个巨型隆起上圈闭的形成与两个因素有关：一是先于古生代及海西运动期间形成的大型“T”形背斜、地形高地；二是它们位于北非克拉通北缘，于三叠纪—侏罗纪伸展裂谷作用期间，由于新特提斯洋的打开及韦德迈尔盆地发生区域性沉降，导致这两个隆起圈闭发育完整，形成了非洲最大的油田和气田。

其他隆起带可能没有同时具备这两个条件，如“T”形隆起的 SN 向背斜带上，除北部的 Hassi Messaoud 脊外，南部的 Amguid El Biod 隆起也很高，但受中生代期间远离强烈沉降带（因其靠南部）的影响，沿横向方向发生显著的沉降而未形成完整圈闭；另一方面也受到沿隆起带发育大量近 SN 向陡倾断层的影响，使该大型隆起的完整性受到破坏，许多隆起带被断层切割成独立的块体，没能保存完整的区域性宽广隆起形态。另一条 SN 向隆起，即韦德迈尔盆地西部的 Idjerane 地垒—Allal 隆起，较盆地东部的 Amguid El Biod 隆起—Hassi Messaoud 脊，海西期隆起幅度没有后者显著，海西期剥蚀表现出前者主要为一个单斜区，海西剥蚀面顶部（向西）保留了志留系—泥盆系—石炭系。海西运动后的中生代伸展期间，未处于强烈沉降带上，因此，形成类似于 Tilrhemt 穹隆规模的隆起及圈闭的可能性不大。北非地区其他隆起更多的是 EW 向的，如 Qarqaf 隆起等，它们又缺乏近 SN 向的隆起与之复合，因此，也不太可能出现完整的大型圈闭。

伸展断块圈闭和挤压反转背斜圈闭主要发育于构造活动和断层发育区。伸展断块作用发生在中生代伸展裂陷活动期间，挤压反转构造发生于早白垩世阿普特期奥地利构造运动期间。主要包括沿阿赫奈特盆地、Amguid El Biod 隆起—Hassi Touareg 构造带，主要位于中生代伸展活动比较强烈的地区，如韦德迈尔盆地、古达米斯盆地。同时，受早白垩世奥地利挤压运动的影响，部分伸展断块发生了挤压反转，在这些构造带上形成了油气藏。

低幅度背斜圈闭主要发育于盆地边缘或盆地内沉积中心附近。因为北非克拉通区处于整体上相对稳定的构造背景下，大型隆起间的盆地受海西造山运动和奥地利造山运动对盆地内的构造改造作用较弱，或北非克拉通区东部位于离海西造山运动主碰撞带较远的地区，在这些地区更易出现这种类型的圈闭。具体来说，包括韦德迈尔盆地和古达米斯盆地。

从构造圈闭的形成时间来看，挤压型圈闭主要形成于海西造山运动和奥地利挤压运动期间，阿尔卑斯运动仅使部分地区及圈闭发生改变。

非构造圈闭中，古生界和中生界内均可出现岩性—地层圈闭，主要包括储层楔状尖灭、火山岩覆盖和渗透率变化等形成的圈闭。韦德迈尔盆地中，SI 层发育透镜状砂体的地方很有可能形成岩性—地层圈闭，在砂岩向横向方向相变为泥岩的地方，没有油气产出。类似这种情况下，构造有利部位不一定产油。

岩相圈闭是如三叠系 TAG 砂岩在横向上楔状尖灭，这些砂岩楔状尖灭后横向相变成不具渗透性的泥岩从而形成圈闭。而这些岩相变化往往与构造要素有关，如储层岩石相变成不渗透泥岩的现象就经常出现在构造变形的边缘。

水动力圈闭是在一个方向水动力作用下，驱使油气向一个方向流动，在其上倾方向的储集部位将油气圈闭起来，其圈闭作用力受水动力持续作用的影响。如伊利兹盆地中 Tin Foure—Tabankort 油田就是世界上最大的水动力圈闭油气田之一。

随着勘探的深入，未来在北非克拉通区坳陷盆地内会发现大量的非构造圈闭油气田，这些盆地具备了形成大量非构造圈闭的条件。

五、油气运移

首先存在一个烃源岩是否成熟的问题。海西运动之前，北非克拉通区不同盆地区除盆地间隆起带外，盆地部位的沉降容纳空间及古生界厚度大致相同，总体表现为北部厚、南部薄的特征。沉积盆地内古生界厚度在 3000～5000m 之间，其中穆祖克盆地和库弗腊盆地的地层厚度薄一些。海西运动之后，北非克拉通区不同盆地区经历了不同程度的剥蚀，晚石炭世为剥蚀，二叠纪为间断。据模拟，北非克拉通区北部的三叠盆地区剥蚀量最大，最多有 3000 多米的古生界被剥蚀掉。南部古生代盆地区抬升剥蚀量小，1500～2000m 及 300～1300m 的古生界被剥蚀掉。中生代和新生代，三叠盆地区又沉积了厚 3～4km 的沉积。

从古热流值模拟可以看出，东撒哈拉地区（包括三叠盆地区和伊利兹盆地等）北部于二叠纪时热流值最大；相反，现今的热流值在南部最高（伊利兹盆地）。西撒哈拉盆地区

（包括蒂米蒙盆地、阿赫奈特盆地、莫伊代尔盆地和雷甘盆地等），海西运动使西撒哈拉盆地区北部盆地内剥蚀了 1200～2000m 的古生界，南部剥蚀量为 300～800m，较高热流值出现在二叠纪—侏罗纪期间。

这样的热流值分布及沉积埋藏、剥蚀等影响了北非克拉通区不同盆地的油气成熟和生成过程。

（1）在东撒哈拉的各盆地中，北部盆地区（主要是三叠盆地区）海西运动前的志留系砂岩埋藏深度较深、沉积负载大，石炭纪末期，奥陶系平均埋深约为 3.0km，志留系平均埋深约为 2.8km，下泥盆统平均埋深约为 2.5km，中—上泥盆统平均埋深约为 1.5～22.2km。石炭纪末期，奥陶系温度为 113℃，志留系泥岩温度为 107℃，下泥盆统温度为 98℃，中—上泥盆统温度为 69～90℃。因此，石炭纪末期海西运动开始时或之前，奥陶系、志留系及下泥盆统中的有机质达到生油门限，生成了数量可观的油气。海西运动数千米的抬升，使该生油过程停止，而已经生成的油气基本上被剥蚀、散失殆尽。现在保存下来及发现的油气主要生成于晚白垩世—新生代，这与北部三叠盆地区厚层中生代沉积负载有关；虽然热流值有所降低，但通过埋藏深度也形成了油气。早白垩世前，盆地内志留系烃源岩一般处于生油窗，早白垩世末期，部分埋藏较深的烃源岩进入了生气窗（Hassi R′ Mel 气田的气源）。

南部盆地区（主要是古达米斯盆地南部和伊利兹盆地、穆祖克盆地），沉积中心内的古生界烃源岩层的成熟度较高，生成了大量油气，海西期抬升和揭顶作用使排烃作用受到一定影响，形成的油气大多散失，但也有数量可观的油气保存在了 Tin Fouye—Tabankort 油田北部的大型构造高地内。但总体来说，这些盆地区因受海西运动影响较小，海西运动对盆地南部区的油气成熟可能影响较小，使油气生成速率减缓，但没有停止，如伊利兹盆地南部和穆祖克盆地；而生油高峰期发生在中生代，与沉积负载增加和南部热流值增加有关。

（2）西撒哈拉盆地区几乎缺失上石炭统、二叠系和三叠系。蒂米蒙盆地白垩系最厚，一般超过 1000m，南部的雷甘盆地、阿赫奈特盆地和莫伊代尔盆地中白垩系缺失或很薄。泥盆纪—石炭纪，埋藏加上岩石圈轻微伸展形成了中等地温梯度，使坳陷深部的奥陶系和志留系页岩内的有机质开始成熟，早期生油；晚石炭世—二叠纪，因海西期抬升和中等程度剥蚀，油气生成停止；晚三叠世—早侏罗世，发生大规模热活动，热流值升高，古生界页岩中的有机质加热到了生气窗，烃源岩被快速加热超过生油窗，已形成的油气裂解成气。而斯巴盆地因其下部岩石圈厚、构造位置相对较高，未受到晚三叠世盆地深处岩浆侵入热事件的影响，使得斯巴盆地内烃源岩仍保持在生油窗（原油和湿气）；晚白垩世至今，西南部盆地的志留系和泥盆系弗拉阶页岩中的有机质成熟到了干气窗，而斯巴盆地和蒂米蒙盆地东西边缘的热流值还保持较低的水平。

从热史演化及油气成熟史分析，西撒哈拉地区现在主要产油气的阿赫奈特盆地和斯巴盆地经历了不同的热史及油气成熟过程。阿赫奈特盆地现处于干气成熟程度，斯巴盆地现处于生油窗或湿气窗。阿赫奈特盆地于海西事件之前的晚石炭世已发生了显著的油气生成和运移，磷灰石裂变径迹资料表明斯巴盆地烃源岩也于海西期抬升之前达到成熟，但与阿赫奈特盆地不同，因斯巴盆地构造部位较高，离盆地下部侵入岩浆的距离很远，因此受三叠纪—侏罗纪期间热事件的影响小，因此现在还处于生油气窗。

上述各盆地内生成的油气沿一定运移路径、以不同的方式运移到圈闭中成藏。一般来说，在古生界及三叠系—侏罗系泥页岩、蒸发岩盖层比较发育、连续的地方，油气更易发生横向运移，沿盆地内构造带部位和盆地边界地形高地的地方，油气容易沿断层发生垂向运移。

油气运移到圈闭中的情况与烃源岩与储层的相对位置和二者间的通道有关：一种通道是烃源岩与储层通过剥蚀面（加里东运动剥蚀面、弗拉阶不整合面和海西剥蚀面等）直接接触，油气沿通道运移到圈闭中，这种情况下油气运移的距离通常较短；一种通道是海西不整合面之下的烃源岩产生的油气，沿不整合面长距离地横向向上倾方向运移；一种是通过断裂系统垂向向上运移。

在烃源岩与储层间被层内泥页岩分隔开的地方，会阻止油气发生显著的垂向运移，使烃源岩生成的油气运移不到上部的储层中。因此，运移通道是北非克拉通区油气能否成藏的重要因素。在古生界内泥页岩层极为发育的地方，烃源岩生成的油气仍被封存在烃源岩及附近的层位中，没能运移到储层中形成油气藏。

第二种运移方向更多地发生在海西不整合面上，三叠系储层直接覆盖在海西不整合面上，不整合面提供了良好的油气运移通道，还有一种发生在如古达米斯盆地、伊利兹盆地中的沿储层岩层的横向运移。

六、保存条件

保存条件是北非克拉通区油气成藏十分重要的一个要素。因为，北非地区的烃源岩品质良好，生油不成问题。古生界内发育了多套储层，储层也不是问题。盖层品质也很好，在古生代及中生代期间也生成了大量油气。保存条件是最后能否成藏或形成大规模油气的重要因素。

根据构造运动发育情况，北非克拉通区最为重要的构造运动是海西运动和奥地利运动。其中海西运动对北非油气系统最为重要，奥地利运动及阿尔卑斯运动对圈闭的形成和破坏、油气的二次运移等也起十分重要的作用。

1. 海西期前生成的油气保存条件

海西运动之前，北非的许多盆地在古生界沉积负载和热活动下产出了一些油气，如古达米斯盆地、穆祖克盆地、伊利兹盆地、韦德迈尔盆地、阿赫奈特盆地和廷杜夫盆地等均生成了油气，有的盆地内生成的油气多，有的盆地内生成的油气较少，与各盆地古生界沉积负载和热活动有关。但总体来说，这些盆地于海西期前均不同程度地生成了油气。

韦德迈尔盆地等所处的三叠盆地区，因受到了强烈的海西期抬升、剥蚀，所以海西期前生成的油气基本上全部渗漏散失了。北非克拉通西部地区的古生代盆地，如廷杜夫盆地、雷甘盆地和阿赫奈特盆地等，因靠近海西碰撞带，变形强烈，使廷杜夫盆地、雷甘盆地内的油气全部散失，而阿赫奈特盆地海西期前生成的大量油气散失了，其中海西期前生成的原油散失，与海西运动同构造期生成的干气和暂时保存在“保存地”内的油气则运移到了海西期形成的背斜构造内圈闭成藏，也有可能是沿阿赫奈特盆地的边缘形成的油气因断层和水动力冲洗而散失，盆地中部的背斜圈闭因其封盖保持相对完整而使这些形成的天然气保存了下来。伊利兹盆地内海西期前生成的油气部分地保存在了现在的 Tin Fouye—Tabankort 油田中。

2. 奥地利运动后的保存条件

奥地利期的变形和抬升对中生代及以前生成的油气系统有非常重要的影响。在伊利兹盆地北部地区较深的油气藏内，天然气冲洗作用十分明显。而对 Hassi R′Mel 和 Hassi Messaoud 大型区域性高地基本上没有影响，这些圈闭还保持了完整的圈闭形态。古达米斯盆地东缘因地形高地抬升作用的影响，使附近低幅度圈闭内的油逸散或水洗，部分或全部被破坏。在没有中生代蒸发岩沉积的地方，受到的影响更为强烈，在哈姆拉盆地南北两侧，因受到抬升和揭顶作用影响，水洗作用强烈。

奥地利运动在 SN 向构造带（Amguid El Biod 隆起—Hassi Messaoud 脊）上，使原先断层再次活动，而使已形成的油气发生二次运移，部分油气沿陡倾断层渗漏到地表。

3. 晚白垩世和古近纪—新近纪的保存条件

晚白垩世，阿尔卑斯运动对北非克拉通区油气成藏的影响不十分明显，可能主要表现在使部分先成构造发生改造、油气运移路径的改变等方面。阿尔卑斯运动使阿尔及利亚和利比亚的部分地区发生抬升，对古生界烃源岩成熟史有明显的影响，古近纪许多地区抬升，生烃停止。

而对北非克拉通区油气成藏影响更大的作用是新近纪发生在克拉通南部霍加尔地块的抬升，此次活动使北非克拉通南部的伊利兹盆地、莫伊代尔盆地和穆祖克盆地等抬升，将霍加尔地块周围盆地内已形成的圈闭掀斜，发生水洗，在伊利兹盆地南部和穆祖克盆地西、南部形成了很陡的水动力梯度圈闭。

七、北非古生代沉积盆地的主控因素

北非克拉通区古生代盆地构造背景、大地构造位置和盆地演化特征，控制了各盆地内的构造发育历史、沉积充填特征、油气成熟历史、运移路径及方式、圈闭类型及规模、油气成藏样式等，不同构造部位形成了不同类型的油气藏。

对北非古生代沉积盆地油气成藏影响最为显著的事件可以归纳为以下一些方面。

1. 基底构造的作用

泛非基底构造对北非古生代盆地显生宙的盆地展布、盆地演化、构造分区和变形样式等产生明显的控制作用——基底构造是根本。

2. 构造运动的作用

海西期、奥地利期和三叠纪—侏罗纪这三个时期的挤压、伸展构造作用对油气成藏的影响最大，其中古近纪—新近纪的抬升对油气的生排和破坏作用也很显著。

3. 岩浆活动的作用

二叠纪—三叠纪和古近纪—新近纪的岩浆活动对油气成熟的影响最为显著。

4. 不同构造部位的油气成藏

不同的构造部位，油气成藏规律不同。北非克拉通区的古生代盆地依据其构造演化和油气成藏条件可大致分成三个盆地构造区：（1）西部盆地构造区，主要包括西撒哈拉克拉通的古生代坳陷盆地，如阿赫奈特盆地、雷甘盆地、廷杜夫盆地、蒂米蒙盆地（包括斯巴盆地）和贝沙尔盆地等，西部盆地构造区大致可以 Idjerane 地垒—Allal 隆起一线为界，西部盆地构造区位于上述界线以西；（2）三叠盆地构造区，位于非洲克拉通北部，主要包括阿尔及利亚中北部、突尼斯和利比亚西部等地区的韦德迈尔盆地、古达米斯盆地等，即北非克拉通区的三叠盆地，以上三叠统—侏罗系蒸发岩沉积为界线；（3）东部及南部盆地构造区，主要包括北非克拉通区南部、东部的伊利兹盆地、古达米斯（哈姆拉）盆地、穆祖克盆地和库弗腊盆地等。

1）西部盆地构造区

西部盆地构造区内的各盆地以没有发生明显的中生代海侵及沉积作用和距碰撞造山变形带较近为主要特征。海西运动和奥地利运动就位于西部盆地区的西北部，距离较近。在这种构造背景下，这些盆地的构造变形均很强烈，尤其是距阿特拉斯造山带较近的一些盆地。蒂米蒙盆地、廷杜夫盆地和雷甘盆地等距阿特拉斯造山带更近，受海西运动和奥地利运动的变形作用十分强烈。

西部盆地构造区很少受到中生代大规模海侵作用的影响，因此古生界之上的中生界厚度有限，即使最初沉积了中生界，奥地利运动变形也使中生界遭受强烈剥蚀。

在这种强烈构造变形作用的影响下，上古生界和下古生界遭受了强烈的褶皱变形和抬升剥蚀，使古生界不同层位出露地表，包括烃源岩层、储层和盖层等，对油气系统造成严重的破坏。其实，这些盆地区早古生代期间同其他北非地区古生代盆地一样沉积了相应的烃源岩层、储层和盖层等，而且于海西运动之前烃源岩也成熟并生成了油气，但现在还未勘探到油气，与该区遭受的强烈变形及破坏有关。

阿赫奈特盆地距阿特拉斯造山变形带稍远，盆地内虽然也遭受了强烈的挤压变形，但相比北部的蒂米蒙盆地、西部的雷甘盆地和廷杜夫盆地等，其变形强度还是弱了些。因此阿赫奈特盆地形成了比较紧闭的褶皱和断层，一方面这些紧闭褶皱的幅度较高，可以封存生成的油气，另一方面阿赫奈特盆地古生界页岩层的封盖性能良好。而且，阿赫奈特盆地的埋藏和热流使烃源岩于海西期前或同变形期高度成熟，生成大量天然气。因此，虽然散失了很多的油气，但这些背斜和页岩封盖还是使得阿赫奈特盆地在海西运动变形后保存了可观的天然气藏。

斯巴盆地大体上与阿赫奈特盆地的情况一样，只不过因斯巴盆地所处的构造位置高一些且地壳厚度大，受到二叠纪—三叠纪深层岩浆作用的热影响较小，热流值相对较低，斯巴盆地多数地区现在还处在生油期。

2）三叠盆地构造区

三叠盆地构造区以构造活动性强为特征，主要表现在海西运动期间，抬升和剥蚀强度很大，三叠纪—侏罗纪期间的伸展裂陷又使该区沉降幅度很大，沉积了厚层三叠系—侏罗系泥岩和蒸发岩，形成了品质极佳的区域性盖层，也使得该区以发育三叠系储层为主的油气系统为特征。三叠盆地构造区形成三叠系砂岩为储层的油气系统的主要原因是，海西运动强烈的剥蚀作用使古生界出露到当时的地表，后来被中生代沉积埋藏，这样在地下就形成了地下露头。志留系烃源岩从地下露头处生出的油气多沿海西不整合面向上倾方向运移到三叠系砂岩储层中，容易形成以中生界为储层的油气系统，这是与西部盆地构造区显著不同的地方。

三叠盆地构造区还发育了一类主要以寒武系为储层的油气藏，这也主要与三叠盆地构造区的活动性强有关。海西造山运动期间，三叠盆地构造区北部经受了强烈的抬升和剥蚀，部分隆起背斜区的古生界剥蚀到了寒武系—奥陶系，这些隆起地形在后来的构造变形过程中也被抬升成地形高地，因此这些地形高地之上也形成了寒武系砂岩为储层的油气藏，这也是三叠盆地构造区比较特殊之处。

3）东部及南部盆地构造区

东部及南部盆地构造区距阿特拉斯造山带更远，相对而言，构造变形作用不是很强。海西运动没有使该盆地区内的各盆地发生显著的褶皱作用，也没有使古生界发生显著的抬升和剥蚀。与此相对应，中生代期间也没有发生明显的海侵作用。较北部三叠盆地，这些盆地的中生界厚度也较小，而且许多盆地以陆地沉积为主。这种构造背景下，在海西运动期间，古生代各个时期的地层很少因褶皱而出露地表、遭受剥蚀。因而在海西不整合面之下的古生界的露头也很少，这一点十分重要。在这种特殊构造背景下形成了独具特色的油气系统。中生界内发育了很少的油气系统，绝大多数油气系统发育在古生界内，古生界层内页岩保存很好，可封堵油气，因此在古生界不同层位的砂岩储层中均发育了油气系统，尤其以伊利兹盆地最为典型。

东部及南部盆地构造区因处于北非克拉通区东部，其油气成熟历史与三叠盆地构造区基本相似，可能较三叠盆地的油气成熟稍早一些，但与西部盆地构造区的油气成熟史差异较大。

东部及南部盆地构造区与三叠盆地区差异较大的还有烃源岩方面，该盆地区保存了上泥盆统弗拉阶烃源岩，但在三叠盆地区基本上缺失了弗拉阶烃源岩。

5. 不同构造区油气生排异同

这三个不同盆地构造区因其构造背景不同，其油气生成、排注及油气系统各不相同。

（1）西部盆地构造区为古生代生成油气并充注，古生界内页岩封盖。北非克拉通区的大多数古生代盆地于古生代末期的海西运动期间均生成了油气，但海西运动使这些古生代盆地生成的油气大多被破坏，仅阿赫奈特盆地因强烈褶皱加上仍然十分有效的页岩盖层，而在紧闭背斜内保存了数量可观的油气。而且，它们的高幅度构造减弱了后来中生代和古近纪—新近纪掀斜作用及水洗作用的负面影响。还有伊利兹盆地内保存了少量的海西期前生成的油气。

（2）三叠盆地构造区为中生代—古近纪生成油气并充注，三叠系—里阿斯阶蒸发岩为区域性盖层。储层以三叠系砂岩和寒武系砂岩为主。三叠盆地构造区内形成了一个巨型油田和一个巨型气田，它们都处于大型区域性构造高地之上，圈闭规模极大，且具有极佳的圈闭和封堵性能，运移通道也很通畅。而盆地内的油气藏主要靠的是局部的运移路径，在油气运移途中遇到变平或低幅度隆起的地方，形成油气藏。好在中—新生代使该油气系统埋藏较深，遭受的后期剥蚀、破坏和水洗作用相对较小，加之上覆的盖层品质很好，因此在这些低幅度构造内也形成了储量可观的油气藏。

三叠盆地构造区因海西期强烈的构造运动，使海西期前生成的油气全部散失，现在保存下来的油气是中生界沉积负载后生成的。因此，该盆地构造区油气生排的时间为中生代—新近纪。

（3）东部及南部盆地构造区为中生代—古近纪生排、充注，古生界页岩封盖。储层为古生界多层砂岩，古生界的页岩也是品质良好的盖层，使得这些盆地内形成了多层储盖组合的油气藏。伊利兹盆地中油气系统储量很大，可能与多层页岩封盖使生成的油气受到很少的破坏和水洗作用有关。绝大多数圈闭起来的油气仍保存比较完整。古达米斯盆地中的哈姆拉盆地与伊利兹盆地的地层学特征相似，但储量小得多，可能与后期的盆地掀斜和水洗破坏有关。穆祖克盆地储量也很小，这是因为海西运动使先前形成的油气散失，中生界厚度及沉积负载有限，只是使盆地沉积中心的油气部分成熟，油气生成量有限。而且古近纪—新近纪中期的抬升和盆地掀斜对油气破坏比较明显。

6. 油气生成和排注因素

除库弗腊盆地和穆祖克盆地的烃源岩存在一定问题外，其他盆地的烃源岩似乎不是各盆地的关键因素。

库弗腊盆地位于北非克拉通区古生代沉积盆地的最南端和最东端，古生代海侵是从西北方向向南和南东方向进行的；而且，当时北非克拉通区作为特提斯被动边缘时的地形为南部高、北部低微倾的形态。库弗腊盆地和穆祖克盆地同处于北非克拉通东部、南部地区。因此，进入库弗腊盆地的海水量和海水深度可能有限，水体较浅的环境不太利于形成局部缺氧环境。在下志留统底部热页岩和上泥盆统热页岩沉积时，这些地区靠近陆源而水体较浅，陆表淡水注入和砂质充填比较充足。因此，烃源岩是库弗腊盆地和穆祖克盆地油气成藏的不利因素。库弗腊盆地内钻至的下志留统为粉砂质泥岩和粉砂岩，穆祖克盆地的下志留统烃源岩也只局限在盆地西北部，盆地中部为正向地形，其上部沉积物粒度较粗，而东北部于加里东运动期间隆起剥蚀。穆祖克盆地中虽也沉积了上泥盆统热页岩，其有机质含量也较高，但其成熟度可能是主要问题。有学者认为，穆祖克盆地于海西运动前，下志留统 Tanezzuft 组底部热页岩和上泥盆统热页岩没有埋藏到生油深度，中生代又没有叠加厚层中生界而使油气成熟，现在盆地内坳陷中心成熟的油气可能还是古近纪—新近纪火山活动的高热流使其成熟的。

其他古生代沉积盆地的烃源岩可能不是关键问题。北非克拉通古生代期间为一个相对稳定的克拉通，虽有地形起伏，但地形高差整体变化不大。这样，它们的沉积环境和沉积充填大体相似，只是在一些近 SN 向或近 EW 向隆起地形之上，沉积物颗粒变粗而有机质含量较低。

北非克拉通区沉积了两层主力烃源岩，即下志留统 Tanezzuft 组和上泥盆统弗拉阶热页岩。所有产油或不产油盆地中，均以下志留统热页岩为主力烃源岩。而在伊利兹盆地、古达米斯盆地和斯巴盆地内发育了以弗拉阶页岩为烃源岩的油气藏，其他古生代盆地内没有发育弗拉阶烃源岩的油气藏。弗拉阶的范围和沉积环境与下志留统大体一致，有的盆地有弗拉阶烃源岩，而有的盆地没有弗拉阶烃源岩的原因有：（1）弗拉阶烃源岩被剥蚀殆尽，如三叠盆地区北部的韦德迈尔盆地、Amguid El Biod—Hassi Touareg—Hassi Messaoud脊、Tilrhemt穹隆等构造活动带和古达米斯盆地北部；（2）弗拉阶烃源岩没有成熟，如古达米斯盆地的哈姆拉盆地；（3）弗拉阶烃源岩生成的油气被破坏掉了，如廷杜夫盆地等西部盆地。阿赫奈特盆地内的弗拉阶烃源岩未形成油气藏，具体原因还不清楚：（1）可能与该处弗拉阶烃源岩品质有关；（2）可能是生成的油气被海西强烈运动剥蚀破坏了；（3）可能是已形成了弗拉阶油藏，未识别出来或资料有误。

在产油盆地内，各盆地内两层烃源岩的区域性展布、厚度和品质不是油气成藏的主要原因，没有对排烃因素产生重要影响。北部盆地（三叠盆地）的烃源岩TOC含量高，产油多，南部及东部盆地（阿赫奈特盆地、伊利兹盆地和哈姆拉盆地等）的烃源岩TOC含量没有北部高，但也生成了很多油气。

比较有效的排注部位是在体积很大的烃源岩附近，海西不整合面之下有志留系和泥盆系烃源岩地下露头，该露头部位最易排出油气。而在地下露头与储层直接接触的部位最有利于油气排注、运移。如三叠盆地区，海西不整合面将这些烃源岩层剥蚀，在地下出现露头，之上覆盖三叠系底部砂岩储层，这些部位最利于油气成藏。如果在海西期剥蚀没有使烃源岩层在地下有露头的部位，则古生界内具区域性连通的运移通道的部位最有利于油气排注。有断裂或裂隙切过烃源岩层的地区排注效率高。海西不整合面是古生界层内或三叠系底部重要的油气排注通道。

7. 运移路径和样式

北非地区的古生界或三叠系总体变形程度较弱，这些层内的砂岩连通性也很好，使得这些层内的连通路径比较通畅。海西不整合面也普遍发育且连续性好，加上层内页岩盖层或上覆蒸发岩层的封盖性能好，这样就有利于油气横向长距离运移。各盆地古生界和三叠系内，海西不整合面上的横向长距离运移现象十分普遍，如三叠盆地、古达米斯盆地、伊利兹盆地和穆祖克盆地等。因此北非地区的横向长距离或短距离运移是最为重要的油气运移方式。

而且，在不同盆地构造区，油气横向运移的路径也有所不同。在三叠盆地区，地下的海西不整合面之下出露了烃源岩露头，从露头排出的油气更多地沿海西不整合面做长距离的横向运移。而在东部及南部盆地构造区，因海西不整合面剥蚀古生界厚度有限，而且该盆地构造区的古生界没有发生显著的褶皱作用；因此，烃源岩层很少出现地下露头，盆地的横向运移更多地发生在古生界层内。因此盆地构造位置不同，油气横向运移的路径也不同。

在断层发育的地方，油气的垂向运移比较显著。如阿尔及利亚中部的Amguid El Biod隆起—Hassi Touareg构造带内发育了大量陡倾断层，因此该处的垂向运移十分发育。古达米斯盆地、伊利兹盆地和韦德迈尔盆地内也发育了大量伸展正断层、反转断层，沿这些断层也发生显著的油气垂向运移。

8. 关键时刻

北非地区古生代沉积盆地不同盆地构造区油气成熟、生排的时间有所不同。

一般来说，西部盆地区（阿赫奈特盆地、雷甘盆地、廷杜夫盆地和蒂米蒙盆地等）于海西期前生成了大量油气，这些油气也发生了可观的运移和聚集，但海西运动期间绝大多数油气被破坏，仅阿赫奈特盆地的油气部分保存，海西期后也有油气生成。

三叠盆地区（韦德迈尔盆地、古达米斯盆地等）海西期前生成了油气，但强烈的海西变形将这些油气基本上剥蚀破坏。现在的油气藏是晚白垩世—古近纪期间生排的。而且，圈闭形成与油气生排之间的时间匹配关系十分重要，如巨型 Hassi Messaoud 油田的圈闭形成于海西期，早于其周围油气源区内烃源岩的成熟与油气生成，因此，充注到该油田内的主要为原油。而巨型 Hassi R′ Mel 气田，其圈闭形成晚，一般认为形成于晚白垩世土伦期，晚于油气开始成熟的时间，那该圈闭内充注的就是天然气和凝析油。北非地区许多盆地内都有这样的规律，即圈闭形成早的，圈闭内聚集的倾向于油；圈闭形成晚的，圈闭内聚集的倾向于气。圈闭形成晚的，因周围坳陷中心内的烃源岩成熟度升高，进入生气窗，从而圈闭形成后充注的多以天然气和凝析油为主。

东部及南部盆地区（伊利兹盆地、哈姆拉盆地和穆祖克盆地等）海西期前形成了油气，海西运动的抬升掀斜使这些油气基本散失，但也有少量油气被认为保存下来。这些海西期前生成的油气先保存在古地形高地圈闭内，后来随着构造变形及盆地变形等，再从“暂时保存地”二次运移到新的圈闭中，如伊利兹盆地 Tin Fouye—Tabankort 油田内就认为有先前生成的油气。

9. 圈闭类型对油气成藏的影响

北非克拉通区作为一个相对稳定的构造单元，其最为显著的沉积特征是：(1）古生界（尤其是下古生界）的均一性很强，因此在砂岩沉积中，砂岩层横向上连续性相对较强且分布范围广；(2）泥页岩或蒸发岩层的区域性分布很广、封盖性能及遮挡能力很强。这样，这种构造背景和沉积环境下的圈闭类型主要受盆地几何形态和构造变形强度的控制。

北非克拉通区可大致分为构造强烈变形区和构造变形较弱的地区。构造变形不强的地区，主要指大型隆起、隆起带间的盆地内的地区和北非克拉通的东部、南部地区等。在这些地方，宽阔的区域性地形高地（Tilrhemt 穹隆和 Hassi Messaoud 脊等大型隆起）圈闭完整的地方，捕获油气能力很强。这些隆起上再覆盖了厚层中生界蒸发岩和泥岩，封盖性能强，有利于形成规模较大的油气藏。如在没有厚层中生界蒸发岩和泥岩覆盖的大型隆起之上，如穆祖克盆地和伊利兹盆地间的 Tihemboka 隆起、穆祖克盆地和古达米斯盆地间的 Qarqaf 隆起等，可能由于覆盖及封堵性能差，油气散失情况严重。而在盆地和坳陷地区，尤其是在向斜部位，油气易于逃逸，沿上倾方向运移。因此，坳陷中心部位，如果没有品质良好的岩性圈闭，除在盆地内构造轴部带的局部地方外，则该部位不易形成油气藏。在油气沿上倾方向运移的路径上，如果有低幅度背斜圈闭或地层—岩性圈闭，则在这些部位能形成规模不是很大的油气藏，如韦德迈尔盆地和古达米斯盆地等。在盆地边部或蒸发岩盖层没有沉积的部位，油气易于散失。伊利兹盆地中，发育了很多构造圈闭，岩性、相变、水动力圈闭等均较发育，因此虽然地处北非南部且没有蒸发岩盖层，但因构造变形相对较弱，圈闭保存完整，加上古生界内发育了多层页岩，它们的封盖性能同样很好。因此，这是伊利兹盆地内发育了储量较大油气藏的重要原因。在韦德迈尔盆地、古达米斯盆地和伊利兹盆地中，三叠纪—侏罗纪期间的伸展裂陷运动形成了很多伸展正断层，这些正断层形成了伸展断块圈闭和反转后的挤压反转背斜圈闭，伸展正断层提供了很好的油气垂向运移通道，上层蒸发岩和页岩封盖性能好，又有圈闭，这也是这些盆地内形成了规模很大油气藏的原因。

在构造变形比较强烈的地方，一般容易形成高幅度背斜圈闭。一个地区主要是沿 Amguid El Biod 隆起—Hassi Touareg 构造带，断层陡倾，多期活动，在这些断层之上覆盖了封堵性能很好的页岩或蒸发岩的情况下，能保存部分油气。但在断层上下盘相互作用，使储油层与白垩系砂岩并置的地方，三叠系—里阿斯阶蒸发岩盖层封盖性能下降，这就会使这里的油气散失比较严重。而在该构造带上，断层不太发育的 Rhourde Chouff 地区，油气系统类型十分相似，但该处就聚集了比前者大的油气储量。构造活动性强、断层较发育的地区，因断层对圈闭的破坏作用，一般不易形成规模很大的油气藏。另一个地区是阿赫奈特盆地区，海西期强烈的挤压作用形成的高幅度背斜构造加上古生界上部石炭系的良好封盖性能，才使该盆地内保存了海西期前生成的很多油气。如果没有这种紧闭、高幅度背斜，海西期前生成的油气可能就保存不下来了。

10. 保存条件及破坏过程

西部盆地区的廷杜夫盆地、雷甘盆地等前海西期油气藏基本上被海西运动和奥地利运动破坏殆尽了，阿赫奈特盆地保存了部分海西期前的油气（主要是由于盆地中部紧闭褶皱幅度高及其上的封盖仍保持相对完整的原因）。

奥地利运动对北非古生代盆地区油气成藏有十分重要的影响，一方面使一些构造带、隆起带转换挤压抬升，另一方面使中生代形成的伸展正断层发生反转，还有一方面是改变了海西期时形成的圈闭，使古达米斯盆地、伊利兹盆地和穆祖克盆地等内部的油气重新分布。韦德迈尔盆地、莫伊代尔盆地和穆祖克盆地内发育了一些新的挤压背斜构造。此次构造运动没有对 Tilrhemt 穹隆和 Hassi Messaoud 脊等区域性大型隆起造成实质性破坏。这些巨型隆起的圈闭还保持完整形态，这也是这些大型隆起能赋存大量油气藏的重要原因。奥地利运动事件使坳陷低地内低幅度构造圈闭内保存的油气逸散、水洗而遭受破坏，油气发生二次运移，也使古达米斯盆地 El Borma 油气田附近的低幅度构造圈闭内油气部分或全部被破坏。

古近纪—新近纪中期还发生了一次较强的抬升和剥蚀作用。此次抬升、剥蚀和揭顶作用对北非地区油气成藏也有十分重要的影响。一方面，此次抬升使北非几乎所有古生代沉积盆地油气生成过程基本停止；另一方面，抬升和揭顶作用使已形成的油气散失、渗漏和水洗。在西部盆地区（廷杜夫盆地、阿赫奈特盆地等）、南部盆地区（伊利兹盆地、穆祖克盆地等）、东部盆地区（哈姆拉盆地）和盆地间的隆起带附近（穆祖克盆地和伊利兹盆地间的 Qarqaf 隆起、古达米斯盆地北部的 Djeffara—Nafusa 隆起等），这种抬升和破坏比较显著，油气一方面顺着抬起的储层逸散，另一方面发生较强的水洗作用。

第三节　北非中—新生代含油气盆地石油地质特征

北非中—新生代含油气盆地包括裂谷型盆地（锡尔特盆地、北埃及盆地、金迪盆地、阿布加拉迪盆地、苏伊士湾盆地和红海盆地）和被动陆缘盆地（佩拉杰盆地、尼罗河三角洲盆地），盆地构造形式以地垒、地堑相间为特征，地层结构复杂，不同地区或次级坳陷地层名称差异较大，烃源岩、储层和盖层层位多、连通性不好、分布范围有限、相变迅速、厚度变化大、区域性强且地层横向对比性差（表 3-2）。

表 3-2　中生代盆地含油气系统生、储、盖特征对比表

盆地	含油气系统	主要烃源岩		主要储层		主要盖层	
		时代	岩性、岩相	时代	岩性、岩相	时代	岩性、岩相
锡尔特盆地	上白垩统碎屑岩	K_2 K_1	深海裂陷槽页岩	K_1 K_2	辫状河和高能曲流河沉积砂岩、浅海相砂岩	K_2	海相页岩和局限海蒸发岩
	上白垩统碳酸盐岩	K_2 K_1	深海裂陷槽页岩	K_2	台地型浅海相碳酸盐岩	K_2	海相页岩、石灰岩、泥灰岩和局限海蒸发岩
	古近系碳酸盐岩	古新统	开阔浅海相页岩	E	台地型浅海相碳酸盐岩为主	Cz	海相页岩和局限海蒸发岩
佩拉杰盆地	Bou Dabbous 组—古近系	始新统	深海裂陷槽钙质页岩和黏土质灰岩	E_2、N_1	台地型浅海相石灰岩、礁灰岩和砂岩	E_2、N_1	海相泥岩和碳酸盐岩
	侏罗系—白垩系	J—K	深海裂陷槽黏土岩、钙质页岩和泥灰岩	J—K	台地型浅海相石灰岩、礁灰岩和砂岩	J—K	海相泥岩和碳酸盐岩
	Tanezzuft—Melrhie 组	S_1/Pz/T	深海相页岩	$J_1/T_{2—3}$	浅海陆棚相碳酸盐岩	$J_1/T_{2—3}$	浅海陆棚相页岩和蒸发岩
北埃及盆地	中侏罗统	J_2	滨海沼泽相页岩	$O/J_1/J_2$	浅海相砂岩、陆相砂岩和滨海砂岩	J_2	滨海沼泽页岩
	下白垩统	J_2 K_1	滨海沼泽相页岩、浅海相页岩	K_1 $J_{2—3}$	浅海相砂岩、浅海—潟湖相白云岩	K_1 K_1	浅海相页岩
	上白垩统	K_2	浅海相碳酸盐岩	K_2	河流—浅海相碎屑岩、白云岩	K_2	河流—浅海相页岩
尼罗河三角洲盆地	上新统	N_2	海相生物礁灰岩	N_2	深海生物礁滩相石灰岩	N_2	深海相泥灰岩
	中新统	E_3—N_1	三角洲—海相泥岩	N_1	河流—三角洲砂岩	N_1	三角洲泥岩
苏伊士湾盆地	中新统	N_1	海相三角洲砂岩	N_1	海相三角洲砂岩	N_1	浅海相蒸发岩、泥岩
	始新统	K_2	广海相石灰岩	K_2	海相石灰岩	K_2	浅海相泥岩

一、烃源岩

（1）北非中—新生代含油气盆地相比古生代盆地烃源岩层位多、生烃条件好。

锡尔特盆地：烃源岩包括奥陶系—中三叠统 Amal 组，下白垩统 Nubian/Sarir 组，上白垩统 Sirte 组页岩、Etel 组和 Rachmat 组，古新统 Sheterat 组、Kheir 组和 Hagfa 组页岩及可能的始新统—中新统烃源岩。最主要的烃源岩为上白垩统 Sirte 组页岩。

佩拉杰盆地：烃源岩包括 Al Jurf 组（利比亚）、Bou Dabbous 组（突尼斯）、Hallab 组（利比亚）、Metlaoui 群（突尼斯）、Ribera 组（意大利）、Noto 组（意大利）、Streppenosa 组（意大利）、中 Nara 段（突尼斯）、Foum Tataouine 组（突尼斯）、Nara 组（突尼斯）、Aleg 组（突尼斯）、Mouelha 段（突尼斯）、Bahloul 段（突尼斯）。北埃及盆地的烃源岩包括中侏罗统 Khatatba 组，下白垩统 Alam El Bueib 段，中白垩统 Kharita 段（Burg El Arab 组）、Bahariya 组和 Abu Roash 组。

尼罗河三角洲盆地：渐新统 Dabaa 组页岩，中新统 Sidi Salim 组、Qantara 组页岩是盆地的主要烃源岩。上新统 Kafr El Sheikh 组石灰岩在深水区因埋深大而成熟成为有效烃源岩。

上塞诺曼阶—圣通阶 Abu Roash 组是阿布加拉迪盆地的重要烃源岩，位于尼罗河三角洲西南部。该烃源岩层延伸至尼罗河三角洲西部的下部地层。虽然在北埃及盆地埋深较浅而未成熟，而在尼罗河三角洲厚层沉积负载下达到成熟—过成熟。阿布加拉迪盆地烃源岩包括沥青页岩和石灰岩，TOC 含量为 3.0%，Ⅰ型和Ⅱ型干酪根，包括浅海相（藻类）和河流相（陆生植物）成因。氢指数为 200～337mg/g，最高达 650mg/g。

中侏罗统 Khatatba 组页岩是北埃及盆地最重要的烃源岩，也是阿布加拉迪盆地的重要烃源岩，为Ⅱ—Ⅲ型干酪根，TOC 含量达 4% 以上，少数大于 6.5%。

苏伊士湾盆地：主要烃源岩为前裂谷期晚白垩世坎潘期陆架及深海缺氧环境沉积的 Brown 组石灰岩，Ⅰ型和Ⅱ型干酪根；其次为始新世开阔台地的海相 Thebes 组石灰岩，有机质含量变化较大，局部富含有机质，TOC 含量为 1%～2.86%，为Ⅰ—Ⅱ型干酪根；中新世 Rudeis 组海相页岩，与裂谷期海侵相关，Ⅱ型或Ⅲ型干酪根。其他烃源岩局部分布，贡献较小。

（2）中—新生代含油气盆地烃源岩分布范围有限，可比性不强。

锡尔特盆地的主要烃源岩为上白垩统 Sirte 组页岩，其次为下白垩统的 Nubian/Sarir 组页岩。佩拉杰盆地最主要的烃源岩为始新统 Bou Dabbous 组钙质页岩和黏土质灰岩，其次为上白垩统 Bahloul 段。北埃及盆地的主要烃源岩为中侏罗统 Khatatba 组，其次为下白垩统 Alam El Bueib 段。尼罗河三角洲烃源岩受埋深的影响，主要烃源岩向海方向层位逐渐年轻，陆地及近岸部分以渐新统烃源岩为主，向海方向烃源岩层位逐渐为中新统和上新统。其中上新统烃源岩以生物气为主，近年发现的 Zohr 巨型气田即是该套以生物气为主的上新统烃源岩。苏伊士湾盆地主要烃源岩为上白垩统坎潘阶 Brown 组石灰岩。

（3）中—新生代含油气盆地烃源岩分布不均匀，成熟度、生烃能力变化大。

同一烃源岩在不同盆地、不同坳陷、不同埋深生烃能力完全不同。锡尔特盆地烃源岩分布呈现不均衡性，盆地东部的烃源岩最为丰富，此外在盆地中部、西部和东北部也有烃源岩的分布。Sirte 组页岩在锡尔特盆地各主要坳陷均已成熟，但在盆地东部相对更为发育，在 Agedabia 坳陷最厚达 600m，而在邻近 Amal—Nafoora 隆起仅有 60m（依然为良好的烃源岩）。在大部分地区 Sirte 组页岩为Ⅱ型干酪根，坳陷边缘则变为Ⅲ型干酪根。北纬 28° 以南 Sirte 组烃源岩质量较差，有机质含量少且未成熟，这可能是 Sarir 地盾南部未发现油气的主要原因。Agedabia 坳陷北部 Sirte 组页岩达到裂解气（过成熟）阶段，生成的天然气在 Zelten 北部气田聚集成藏。Abu Roash 组下部的泥质灰岩在北埃及盆地南部的阿布加拉迪盆地是最重要的烃源岩。Abu Roash 组在北埃及盆地分布，但埋深较浅、成熟度低且生烃有限。

（4）中—新生代含油气盆地烃源岩的岩性和沉积环境差异较大。

中—新生界烃源岩以页岩为主，也有钙质泥岩、泥灰岩和石灰岩。总体来看，裂谷盆地的烃源岩主要形成于深海裂陷槽中（Sirte 组页岩和 Nubian/Sarir 组页岩），但北埃及盆地主要烃源岩中侏罗统 Khatatba 组形成于滨海沼泽环境中，Alam El Bueib 段包含厚层的浅海—三角洲相砂岩夹页岩和少量石灰岩。锡尔特盆地烃源岩 Sarir 组页岩沉积于潟湖或湖泊环境，三叠系 Amal 组烃源岩为湖相页岩，古新统 Hagfa 组页岩沉积于开阔浅海。佩拉杰盆地 Hallab 页岩为远洋沉积。

（5）中—新生代含油气盆地烃源岩厚度变化大、相变快。

一般来说，烃源岩在地堑中较厚，向地垒迅速变薄甚至消失。如锡尔特盆地上白垩统 Sirte 组页岩在盆地中广泛分布，只在盆地内的高地变薄或缺失，在 Marada 海槽中最大的沉积厚度为 1500m，在毗邻的 Amal—Nafoora 高地沉积厚度仅有 60m。

（6）中—新生代含油气盆地以中—新生界烃源岩为主，可能还发育古生界烃源岩。

中—新生代含油气盆地如锡尔特盆地包括前侏罗系 Amal 组，佩拉杰盆地可能有志留系烃源岩，北埃及盆地存在古生界烃源岩。

二、储层

（1）中—新生代含油气盆地储层发育、层位多。

锡尔特盆地的储层包括基底变质岩储层、前侏罗系储层（Gargaf 群、Hofra 组和 Amal 组）、下白垩统的 Nubian/Sarir 组砂岩储层、上白垩统的砂岩和碳酸盐岩储层（Bahi 组、Maragh 组、Lidam 组、Rakb 群、Kalash 组、Waha 组和 Samah 组）、古新统碳酸盐岩储层（Defa 组、Satal 组、Beda 组、Dahra 组和 Zelten 组）、始新统碳酸盐岩储层（Gir 组、Gialo 组和 Augila 组）和渐新统砂岩储层（Arida 组和 Diba 组）。佩拉杰盆地的储层包括三叠系储层（Gela 组和 Noto 组）、侏罗系储层（M′ Rabtine 组、Nara 组、上 Nara 段、Siracusa 组、Buccheri 组和 Rabbito 段）、下白垩统储层（Valanginian—Hauterivian M′Cherga 组、Serdj 组和 Sidi Aich 组）、上白垩统储层（Zebbag 组、Isis 组、Bireno 段、Abiod 组和 Aleg 组 Douleb 石灰岩段）、始新统储层（El Gueria 组、Jdeir 组、Bou Dabbous 组和 Reineche 石灰岩段）、中新统储层（Birsa 组、Ain Grab 组和 Ketatna 石灰岩段）和上新统—更新统储层（Ribera 组砂岩）。北埃及盆地的储层包括古生界储层（Shifah 组）、三叠系储层（Ras Qatara 组）、中侏罗统储层（Khatatba 组）、中—上侏罗统储层（Masajid 组）、下白垩统储层（Burg El Arab 组 Alam El Bueib 段、Alamein 白云岩段和 Kharita 段）和上白垩统（Bahariya 组和 Abu Roash 组）。

（2）中—新生代含油气盆地储层分布范围有限，可比性不强。

锡尔特盆地的主要储层按重要性排列名列前 4 位的分别是下白垩统 Sarir 组砂岩、上白垩统 Bahi 组砂岩、下白垩统 Nubian 组砂岩和上白垩统 Waha 组石灰岩。佩拉杰盆地利比亚部分古近系—新近系 Bou Dabbous 组含油气系统中始新统 Jdeir 组货币虫灰岩是主要储层，突尼斯部分始新统 El Gueria 组珊瑚灰岩、中新统 Ain Grab 组石灰岩及砂岩和 Birsa 组砂岩储层比较重要。佩拉杰盆地侏罗系—白垩系中礁灰岩是重要的储层，如 Noto 组（瑞替阶），特别是 Mila 段礁灰岩，突尼斯 Abiod 组上部的碳酸盐岩段是最重要的储层。北埃及盆地的主要储层为中侏罗统 Khatatba 组，其次为下白垩统 Alam El Bueib 组、上白垩统 Bahariya 组和下白垩统 Alamein 组（段）。

Abu Roash 组是北埃及盆地南部阿布加拉迪盆地重要的储层，但在北埃及盆地埋深较浅，成熟度不够，储量很少。北埃及盆地上白垩统含油气系统一些重要的油气田位于 Shoushan 次盆。

（3）中—新生代含油气盆地储层沉积环境差异较大，储层厚度变化大，相变快。

总的来说，储层主要形成于地垒和台地上的浅水环境中，但具体沉积环境差别较大。锡尔特盆地的主要储层 Nubian 组砂岩和 Sarir 组砂岩主要沉积于洪积扇和河流环境，包括辫状河和高能曲流河环境，Bahi 组砂岩为浅海沉积，Waha 组则为生物礁相白云岩。佩拉杰盆地 Jdeir 组货币虫灰岩、El Gueria 组珊瑚灰岩、侏罗系—白垩系礁灰岩储层意义重要，Ain Grab 组为浅海陆棚和深海陆棚沉积，Birsa 组砂岩为浅海陆棚席状砂。北埃及盆地 Khatatba 组为浅海—河流沉积，Alam El Bueib 组储层是由细—粗粒河流—三角洲石英砂岩到浅海相砂岩，Bahariya 组代表了从河流相到浅海相碎屑岩和含贝壳灰岩的过渡沉积，下白垩统 Alamein 段沉积于浅海—潟湖环境，下侏罗统 Ras Qatara 组砂岩属于陆相、河流相—海陆过渡相。锡尔特盆地上白垩统碳酸盐岩含油气系统储层多，岩性主要为白云岩、石灰岩和砂质灰岩，沉积相以潮坪、陆棚和浅海相为主。锡尔特盆地古近系含油气系统 Ajdabiya 槽东部 Kalanshiyu 高地主要的储层是古新统生物礁沉积以及始新统台地碳酸盐沉积。

（4）中—新生代含油气盆地碳酸盐岩、生物礁灰岩储层比例明显增大。

碳酸盐岩储层在佩拉杰盆地占主要地位，包括内外大陆架的沉积及生物礁。佩拉杰盆地突尼斯部分侏罗系—白垩系含油气系统 Abiod 组上部的碳酸盐岩段是最重要的储层，厚达 300m，包含崩塌和浊积成因的不规则成层的白垩岩体，增加了该储层的储集能力。北埃及盆地 Alamein 白云岩段（Burg El Arab 组）岩性为微晶白云岩夹少量页岩夹层，分布于整个北埃及盆地并且厚度在横向上的变化极小，是北埃及盆地主要的碳酸盐岩储层。

佩拉杰盆地侏罗系—白垩系含油气系统礁灰岩是重要的储层，Noto 组（瑞替阶）特别是 Mila 段的礁灰岩，构成了目前 Mila、Prezioso、Irminio 等油田的储层。佩拉杰盆地古近系—新近系 Bou Dabbous 组含油气系统“非洲”滨海、下始新统突尼斯 El Gueria 组珊瑚灰岩和利比亚 Jdeir 组货币虫滩沉积构成了盆地最重要的储层，其中发现了两个最大的油田：巨型 Ashtart 油田和 Bouri 油田。锡尔特盆地古新世晚期在 Agedabia 裂陷槽出现了生物礁理想的生长环境，生物礁厚逾 300m，完全处于泥岩盖层封闭之中，是一个良好的储集体。锡尔特盆地古近系含油气系统上 Sabil 组的油藏局限于生物礁沉积，目前在 Agedabia 裂陷槽和 Fina 地区，该生物礁相中已发现油。

（5）褶皱等构造变形引起的碎裂作用、压溶作用局部改善碳酸盐岩储层物性。

佩拉杰盆地古近系—新近系 Bou Dabbous 组含油气系统岩溶作用和构造导致的碎裂作用对碳酸盐岩储层的品质影响很大。碳酸盐岩储层在佩拉杰盆地占主要地位，包括内外大陆架的沉积以及生物礁。岩溶作用和构造导致的碎裂作用对储层的品质影响很大。北埃及盆地 Alamein 白云岩段储层质量变化很大，可能与白云岩碎裂的程度有关系。佩拉杰盆地侏罗系—白垩系含油气系统的侏罗系—白垩系浅海相石灰岩和白云岩中，构造引起的碎裂作用可以使孔隙度和渗透率在局部提高，压实溶解作用导致碳酸盐岩孔隙度和渗透率的提高。由于溶解作用，佩拉杰盆地上白垩统储层 Zebbag 组（塞诺曼阶）碳酸盐岩总有效孔隙度可达到 40%，裂隙孔隙度与褶皱作用相关。佩拉杰盆地斯佛克斯地区土伦阶 Bireno 段由细粒白云岩夹粒泥灰岩和颗粒灰岩组成，压实溶解作用导致孔隙度提高（Gremda 1 井高达 32%），平均为 15% 左右。

（6）锡尔特盆地还应注意基底储层和前白垩系储层。

储层孔隙度一般较低，风化作用和断层作用对储层质量的改善作用明显。前寒武系基底储层发育在 Amal—Nafoora 古高地，包含断裂和风化的花岗岩和喷出岩。这些储层在 Amal 大型油田、Augila—Nafoora 油田和 Rakb 油田十分重要。在 Amal 油田和 Augila—Nafoora 油田，基底储层的形成受到断裂和花岗岩风化的影响。Zelten 和 Beda 台地的寒武系—奥陶系 Gargaf 群为石英砂岩，孔隙度为 5%～14%，渗透率为 1～10mD。Hofra 组和 Amal 组均为陆相辫状河环境，沉积厚度可达 1400m，在盆地中广泛分布。Hofra 组为奥陶纪—晚白垩世塞诺曼期沉积。Amal 组是 Amal—Nafoora 古高地重要的储层，Hofra 组在 Zelten、Beda 和 Dahra 台地的许多油田中都是高产油层。在 Amal—Nafoora 高地，Amal 储层在断块产量高，特别在地形较高的部位。盆地的中西部，Hofra 组储层位于断块顶部，部分因断块边缘的拖曳和挠曲作用而被封闭。北埃及盆地中侏罗统含油气系统下古生界 Shifah 组在 Obaiyed 2 油田砂岩储层中产气和凝析油。

三、盖层

中—新生代盆地含油气系统盖层丰富，封盖条件好。各盆地盖层发育情况差别较大。盖层分为区域盖层和组内盖层两类。

北埃及盆地一个最重要的特征是缺乏区域性的盖层，组内盖层特别重要，大部分的油气属于层内封盖，而区域性盖层似乎在油气系统作用不大。只有 Ras Qatara 组和 Siwa 组储层似乎完全依赖于上覆岩层的封盖。大部分含有页岩的组一般都很重要，并且其中很多页岩层都是可靠的盖层，少量的油气被致密的石灰岩封盖。

锡尔特盆地上白垩统—始新统发育良好的区域性盖层，始新统上部和渐新统还发育局部性盖层。这些盖层，特别是始新统 Gir 组蒸发岩盖层的封盖性能强，没有造成盆地内油气溢出或渗漏。主要盖层如下：

（1）上白垩统 Rakb 群为广海相页岩和局限盆地形成的蒸发岩，是区域性盖层，构成了基底储层和前上白垩统储层，包括白垩系 Gargaf 群、Nubian 组和 Sarir 组砂岩的盖层。

（2）下古新统—下始新统（Hagfa 组、Khalifa 组和 Khkeir 组）为海侵环境下沉积的页岩，构成了局部乃至全区域的海退碳酸盐岩储层的盖层。

（3）下始新统 Gir 组为局限环境下形成的蒸发岩、页岩和泥质灰岩，是区域性盖层，对下伏储层具有良好的封盖作用。

（4）上始新统—渐新统（Augila 组、Arid 组和 Diba 组）为页岩和钙质泥岩，是局部盖层，封盖本层及下伏储层。

佩拉杰盆地西北和南部主要发育区域性盖层，区域性盖层是上白垩统—古新统页岩（El Haria 组）和始新统—渐新统页岩（突尼斯 Cherahil—Souar 组和利比亚 Ghallil 组）。古新统 El Haria 组是覆盖 Abiod 组白垩岩的局部盖层。极少情况下，构造高地上的 El Haria 组被侵蚀过，而上覆的古近系页岩（Cherahil 组和 Souar 组）形成有效盖层。Cherahil 组和 Souar 组泥灰岩和页岩可能是最重要的盖层，它们为始新统储层提供一套有效的盖层。利比亚和突尼斯地区上侏罗统层内页岩构成局部有效的盖层。上白垩统 Aleg 组页岩是很好的盖层，分布很广泛。西西里东南及其滨海地区盖层主要封盖侏罗系—白垩系含油气系统，主要发育区域性盖层，也有层内盖层。这一地区上三叠统 Gela 组白云岩和砂屑灰岩储层被 300m 厚的 Noto 组（三叠系顶部）和 Streppenosa 组（侏罗系底部）页岩所封盖。下侏罗统 Siracusa 组的储层被上覆 Buccheri 组石灰岩和泥灰岩封盖。Noto 组的储层被组内页岩封盖。上新统—更新统 Ribera 组砂岩储层被组内盖层封盖。马耳他地区硬石膏、红色页岩及绿色页岩是可能的盖层。

四、圈闭

北非中—新生代裂谷盆地圈闭类型包括构造圈闭、地层不整合圈闭、地层—构造圈闭和岩性圈闭。构造圈闭包括褶皱（背斜、单斜褶皱）、断层、断块、掀斜断块、区域地垒和覆盖构造，地层圈闭主要为生物礁、生物丘、相变、尖灭、盐岩支撑、不整合和古地形圈闭。

中—新生代裂谷盆地的构造十分复杂，已知的油田和发现主要为构造圈闭。在地垒和地堑相间的构造格局中，最重要的构造圈闭可能是地垒上背斜构成的构造圈闭和构造高点。北埃及盆地早期的勘探主要集中在构造顶点，取得了显著的成果。北埃及盆地 Alamein 次级盆地的几个重要的油气藏发育在沿东—东北—西—西南方向延展的 Alamein—Qatara 隆起的轴隆区。有些油藏区圈闭是背斜圈闭（Akik 油田和 Alamein 油田）。北埃及盆地另外一个重要油气田 Qasr 油田为大型倾伏的紧闭背斜圈闭。

地垒、地堑交界部位的断层附近易于形成构造—地层复合圈闭的油气藏。这一点在锡尔特盆地表现十分明显。锡尔特盆地上白垩统碳酸盐岩含油气系统和古近系含油气系统中，断层的封堵作用十分重要，特别是环 Zallah 槽的断层和 Kalanshiyu 台地南部断层的封堵性强，致使油气在 Zallah 槽的边缘区聚集成藏。北埃及盆地断层通常作为封盖出现，在 Kanayes 5 油田，圈闭完全是断层圈闭，显然受到晚白垩世的剪压再改造作用。

在地堑中地层圈闭具有较大的潜力。锡尔特盆地古近系含油气系统中地层圈闭包括古地形造成的岩性变化、沉积相变化、地层尖灭及生物礁圈闭。锡尔特盆地 Agedabia 裂陷槽最深部渐新统仍有一些具开发潜力的油藏。佩拉杰盆地侏罗系—白垩系含油气系统和古近系—新近系 Bou Dabbous 组含油气系统在利比亚和突尼斯地区相变迅速，地层圈闭具有较大的潜力。北埃及盆地各个层位以构造为主的圈闭同样含有地层圈闭的成分，一般都是侧向的相变造成的，并且单独的地层圈闭内也含有大量的石油和天然气。北埃及盆地中侏罗统含油气系统地层圈闭机制很简单，圈闭岩层为河口湾或是潮道砂泥岩，或者河流—三角洲砂岩的尖灭至浅海沉积所形成的地层圈闭。Obaiyed 的两个大型油气藏就是 Khatatba 组充填深切谷和 Shifah 组油气藏。其中 Shifah 组油气藏主要的圈闭机制被认为是构造圈闭，但是区域上古生界顶部发育深切谷的不整合面可能会形成地层圈闭。

北埃及盆地 Obaiyed 1-1 油田，Alam El Bueib 段覆盖在一系列侏罗纪伸展阶段形成的地垒断块之上。晚白垩世开始的会聚反转进一步改造了原始构造。在其他油田，圈闭由倾斜断层块（可能为侏罗系）变为简单背斜和断背斜。

北埃及盆地 Masajid 组只存在于 Razzak 油田，是一个由不整合圈闭的油藏，不整合存在于侏罗系顶—白垩系底部。

尽管佩拉杰盆地侏罗系—白垩系含油气系统大部分圈闭是断裂背斜，但是它们的起因是有变化的，一些是在盐丘上出现，其余的与生物礁岩隆有关。

五、运移

北非中—新生代裂谷盆地油气的运移通道有三种：孔隙度大的岩层、堑—垒交界的断层和下白垩统与上白垩统之间的不整合面。

对于中—新生代裂谷盆地来说，在地垒与地堑相间的构造格局中，地垒、台地、高地和隆起等地往往是油气运移的目标区，一般在台地或台地边缘处聚集成藏。而烃源岩往往在台地周围的槽中。孔隙度大的岩层往往成为油气运移的通道，堑—垒交界的断层有的成为运移通道，有的则起到封堵作用。这样，以台地为中心，周围被地槽包围的地区一般是含油气系统分布的重点区域，这在锡尔特盆地上白垩统碳酸盐岩含油气系统 Ajdabiya 槽西部尤为明显，优先在地垒和台地上寻找油气藏。另外地垒和台地上的储层发育比地堑中好。一般来说油气都是从地堑向地垒运移。锡尔特盆地上白垩统碳酸盐岩构造—地层成藏组合的油藏与构造高地地区密切相关。

锡尔特盆地烃的主要运移期，包括一次运移和二次运移时间都在新生代，特别是在晚渐新世—全新世。对于白垩系 Sirte 组页岩所生的烃来说，在盆地的东部，烃的运移方向是从东北—西南，即由 Hameimat 槽向 Messlah 高地附近运移。在盆地西部，迁移方向是由北向南。对于下白垩统及更早的烃源岩所生的烃来说，烃运移的方向是从四周向盆地中心区的 Messlah 高地附近运移。Messlah 高地中的构造背斜恰好构成了有效圈闭，故该地区是油气勘查的重点。锡尔特盆地古近系碳酸盐岩含油气系统的烃从 Zallah 槽、Abu Tumayam 槽向周围的地垒、隆起和台地方向迁移，并圈闭在背斜中。

锡尔特盆地上白垩统碳酸盐岩含油气系统中，下白垩统与上白垩统之间的不整合对于油气运移十分重要，Sirte 组页岩生成的烃通过不整合运移到其上的储层中。

阿普特期—全新世北埃及盆地发生初次与二次运移。由于盆地内广泛分布多期断层，北埃及盆地油气发生长距离油气运移的可能性较小。在同一个时期内，断层可能提供附近的垂向运移通道，是盆地内油气运移的主要方式。虽然北埃及盆地内部盖层比区域性盖层更加普遍，但是垂向运移显然使油气从各自主要的烃源岩（和三种次要的烃源岩组）运移到许多不同的储层层位，可能导致了油气的相互混合。

佩拉杰盆地以构造圈闭为主，油气在侧向上沿着邻近或毗邻储层，在垂向上沿着断层和裂缝运移，在断块、低幅度背斜、与逆断层相关的高幅度背斜、扭断层构造和地层圈闭中聚集。

六、保存条件

保存条件是北非克拉通区中—新生代裂谷盆地油气成藏十分重要的一个要素。北非地区中—新生代裂谷盆地的烃源岩丰富，总体品质良好，生油不成问题。中—新生界内发育了多层储层，储层也不是问题。盖层品质也很好，且与储层配置良好。始新世后大规模生油和排烃事件发生，构成了良好的储层、盖层和圈闭组合匹配关系。以锡尔特盆地上白垩统碎屑岩含油气系统为例，主要的储层 Nubian 组砂岩和 Sarir 组砂岩（晚侏罗世—早白垩世）主要沉积于河流环境。随后的海侵使砂岩储层之上沉积了密闭性好的页岩盖层，而白垩纪—古近纪的奥地利运动和阿尔卑斯运动在锡尔特盆地内发生广泛的褶皱作用，而所形成的背斜恰好成为重要的圈闭。正是由于储层、盖层和圈闭在形成时间上的匹配好，故形成了具有油气潜力的成藏组合。在中—新生代期间由于埋深和热活动也生成了大量油气。保存条件是最后能否成藏或形成大规模油气的重要因素。

北非克拉通区中—新生代最为重要的构造运动是奥地利运动和阿尔卑斯运动。从具体情况来看，北非中—新生代裂谷盆地在整个中—新生代主要处于裂谷和总体沉降阶段，奥地利运动与阿尔卑斯运动虽然有影响，但对油气藏破坏不明显。白垩纪末期构造活动导致北埃及盆地上白垩统不同程度的剥蚀，之后始新世大陆架恢复碳酸盐沉积（Apollonia 组）。古近纪—新近纪非洲和欧亚大陆之间开始碰撞挤压，但是对北埃及盆地影响甚微。从空间上来看，中—新生代裂谷盆地发育于北非克拉通东部，远离北非克拉通西北部的碰撞带，奥地利运动对中—新生代盆地的含油气系统影响不大。从时间上来看，除了北埃及盆地主要烃源岩形成于中侏罗世以外，锡尔特盆地和佩拉杰盆地良好的盖层封盖和主要烃源岩的成熟和迁移，可能没有受到晚白垩世反转构造的影响。

锡尔特盆地上白垩统—始新统发育良好的区域性盖层，始新统上部和渐新统还发育局部盖层。这些盖层，特别是始新统 Gir 组蒸发岩盖层的封盖性能强，没有造成盆地内油气溢出或渗漏。

佩拉杰盆地侏罗系 Nara 组层内页岩和 Foum Tataouine 组生油的时间发生在最终圈闭形成之前（上新世），而且由于晚白垩世抬升剥蚀，许多油流失到地表逸散。

上白垩统含油气系统中，晚白垩世的压剪构造反转导致 Khatatba 组圈闭破裂，并且在白垩纪—三叠纪可能发生了一次冲洗事件，导致油气在古近纪—新近纪发生重要的迁移作用，可能失去了大量石油。晚白垩世反转构造还导致源自 Alam El Bueib 段烃源岩层的石油再次迁移和冲洗。

第四节 小　　结

（1）北非油气区的沉积盆地地层、含油气系统以自西向东、自南向北逐步年轻为典型特征。北非西部、南部以古生代克拉通坳陷盆地为主，中部、北部以中—新生代裂谷盆地为主，东北部以新生代裂谷盆地、被动陆缘盆地为主。

（2）北非含油气系统可划分成“古生界和盐下含油气系统”和“中—新生界含油气系统”两大类。古生界和盐下含油气系统以北非克拉通坳陷盆地为主，早志留世海侵形成的页岩为主要烃源岩，其次为泥盆系烃源岩。中—新生界含油气系统以北非中东部的裂谷盆地、被动陆缘盆地为主，以中生界白垩系、新生界古近系烃源岩为主，包含多套烃源岩。

第四章　北非油气资源概述

北非油气区的油气资源丰富，占全球油气资源量的4%以上，占非洲总探明储量的48%以上，是非洲勘探程度最高的成熟探区。油气资源评价表明，北非油气区仍有较大的勘探潜力。

第一节　油气储量与待发现资源

通过一个多世纪的勘探（图4-1），截至2019年底，非洲累计探明石油地质储量为929.8×10^{8}t、可采储量为318.8×10^{8}t，累计探明天然气地质储量为$44.3\times10^{12}m^{3}$、可采储量为$30.3\times10^{12}m^{3}$，全球储量占比7.5%（图4-2、图4-3）。其中，北非油气区探明可采储量为2041×10^{8}bbl（279.6×10^{8}t）油当量，在非洲探明可采储量中占比48%。通过多轮的资源评价表明北非油气区待发现资源量为423.7×10^{8}bbl（57.4×10^{8}t）油当量，仍有较大的勘探潜力（图4-4）。

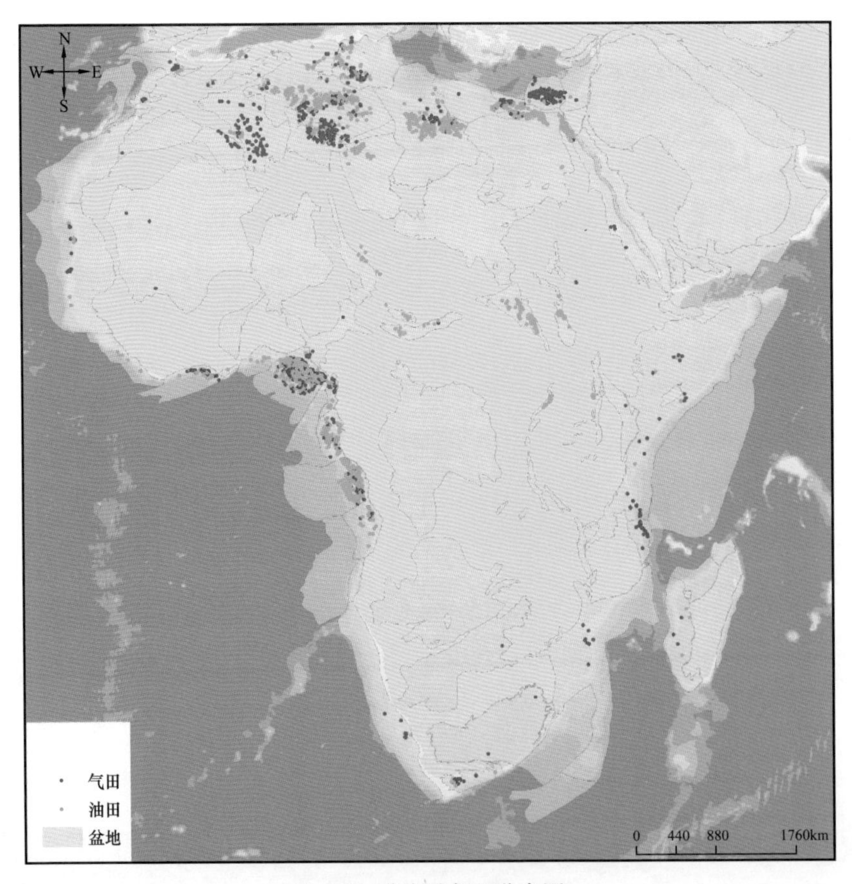

图4-1　非洲油气田分布图

按含油气盆地探明可采储量排序，非洲排名前 10 的盆地以北非为主（图 4–2），主要为北非古生代克拉通坳陷盆地群，如三叠—古达米斯盆地（排名 2）、伊利兹盆地（排名 6）、中—新生代锡尔特盆地（排名 3）、佩拉杰盆地（排名 10）、尼罗河三角洲盆地（排名 8）和新生代苏伊士湾盆地（排名 7）（表 4–1）。

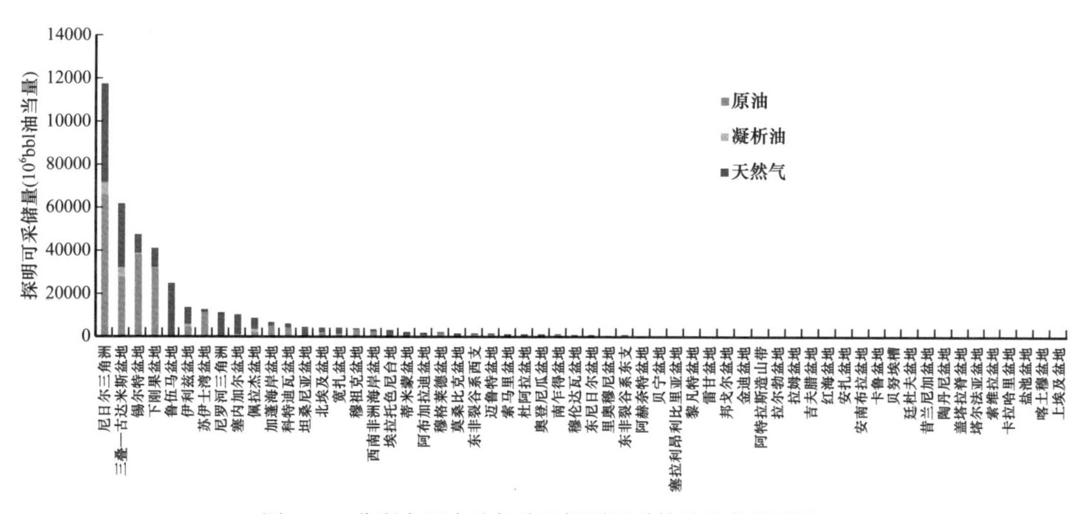

图 4–2　非洲主要含油气盆地探明可采储量排序柱状图

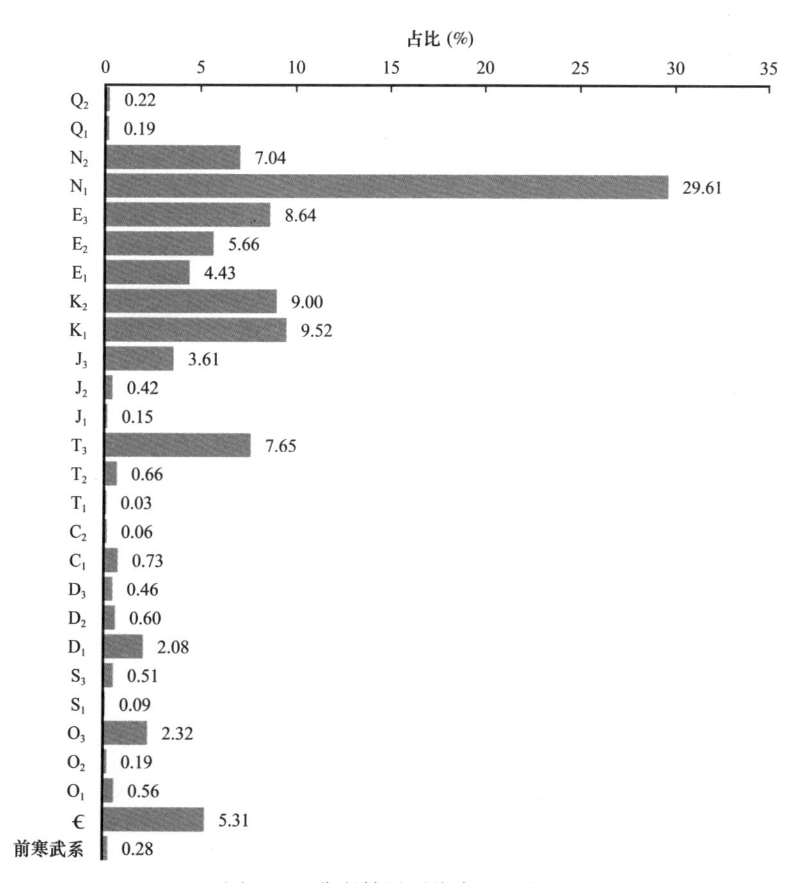

图 4–3　非洲储量层位占比柱状图

表 4-1　非洲主要含油气盆地油气可采储量简表

盆地名称	原油可采储量（10^6bbl）	凝析油可采储量（10^6bbl）	天然气可采储量（10^8m^3）	油气可采储量（10^6bbl油当量）	可采储量排序	剩余可采储量（10^6bbl油当量）	油田数	剩余可采储量排序
尼日尔三角洲	65961.84	6046.51	77640.90	117792.36	1	64665.86	863	1
三叠—古达米斯盆地	27784.60	4760.64	50248.22	62176.08	2	29141.35	507	2
锡尔特盆地	38200.64	1015.35	14247.79	47617.77	3	16797.05	322	5
下刚果盆地	31690.45	642.96	15220.34	41308.68	4	21799.07	436	4
鲁伍马盆地	0	238.39	42487.65	25292.90	5	25211.89	19	3
伊利兹盆地	4419.72	1718.10	13253.93	13953.52	6	6933.87	184	8
苏伊士湾盆地	11640.91	73.82	2059.33	12929.10	7	3296.11	199	14
尼罗河三角洲	58.21	889.66	17861.60	11480.66	8	7201.53	193	7
塞内加尔盆地	779.95	505.91	15892.59	10657.55	9	10592.21	34	6
佩拉杰盆地	2328.17	1625.89	8185.74	8781.10	10	6445.79	86	9
加蓬海岸盆地	5208.32	87.59	2864.12	6984.84	11	2709.44	175	17
科特迪瓦盆地	4266.19	213.30	3445.23	6511.10	12	5258.04	81	10
坦桑尼亚盆地	4.30	31.87	7955.77	4727.60	13	4626.67	22	11
北埃及盆地	1772.65	457.20	3643.80	4378.56	14	2972.53	316	16
宽扎盆地	735.17	906.98	4550.91	4325.77	15	4225.87	46	12
穆祖克盆地	3946.70	0.04	113.73	4013.80	16	2325.86	49	18
西南非洲海岸盆地	2792.00	8.15	2033.94	3999.54	17	3997.16	12	13
埃拉托色尼台地	0	19.00	6088.80	3609.50	18	3065.22	1	15
蒂米蒙盆地	163.50	50.22	4142.59	2656.56	19	1924.48	72	19
阿布加拉迪盆地	1228.73	121.18	1767.09	2391.94	20	1223.59	182	26
穆格莱德盆地	2322.24	0	64.64	2360.35	21	1553.84	104	23
莫桑比克盆地	13.00	40.04	3120.16	1892.96	22	1315.51	11	25
东非裂谷系西支	1696.20	0.01	57.61	1730.18	23	1730.09	18	20
迈鲁特盆地	1708.95	0	31.11	1727.29	24	1727.01	35	21
索马里盆地	175.64	67.95	2494.69	1714.68	25	1711.74	14	22
杜阿拉盆地	350.53	231.47	1774.30	1628.28	26	1326.63	34	24
奥登尼瓜盆地	149.33	265.32	1856.28	1509.28	27	1139.27	38	27
南乍得盆地	1212.72	0	76.38	1257.76	28	586.67	24	32
穆伦达瓦盆地	1110.03	0	13.59	1118.05	29	1117.87	5	28
东尼日尔盆地	861.65	1.44	83.34	912.23	30	896.42	95	29

续表

盆地名称	原油可采储量（10^6bbl）	凝析油可采储量（10^6bbl）	天然气可采储量（10^8m^3）	油气可采储量（10^6bbl油当量）	可采储量排序	剩余可采储量（10^6bbl油当量）	油田数	剩余可采储量排序
里奥穆尼盆地	796.70	0.08	167.09	895.31	31	398.73	12	37
东非裂谷系东支	860.15	0	47.22	888.00	32	887.95	14	30
阿赫奈特盆地	0	4.53	1281.85	760.42	33	758.93	26	31
贝宁盆地	318.82	58.54	376.37	599.30	34	569.75	10	33
塞拉利昂利比里亚盆地	197.00	85.00	445.47	544.69	35	544.17	7	34
黎凡特盆地	13.60	3.39	779.70	476.77	36	472.49	6	35
雷甘盆地	0	3.53	796.08	472.97	37	472.04	11	36
邦戈尔盆地	429.50	0.10	35.57	450.58	38	148.46	19	40
金迪盆地	284.17	0	21.69	296.96	39	153.17	45	39
阿特拉斯造山带	102.96	2.59	199.77	223.34	40	182.64	31	38
拉尔勃盆地	11.58	0.07	225.48	144.61	41	124.88	48	41
拉姆盆地	10.00	2.05	171.41	113.13	42	112.92	6	42
吉夫腊盆地	70.09	3.27	66.67	112.67	43	74.12	10	45
红海盆地	0	35.01	128.86	110.99	44	110.84	4	43
安扎盆地	0	0.59	156.61	92.94	45	92.76	2	44
安南布拉盆地	0	0.43	121.78	72.24	46	72.09	2	46
卡鲁盆地	0	0	117.68	69.39	47	69.25	4	47
贝努埃槽	55.00	0	17.84	65.52	48	65.50	2	48
廷杜夫盆地	0	1.50	92.46	56.03	49	55.92	2	49
昔兰尼加盆地	31.00	0.05	14.75	39.75	50	39.73	2	50
陶丹尼盆地	0	0.24	52.68	31.30	51	31.24	3	51
盖塔拉脊盆地	29.69	0	2.21	30.99	52	10.52	5	54
塔尔法亚盆地	18.00	0.50	17.42	28.77	53	28.75	3	52
索维拉盆地	7.26	2.24	25.74	24.68	54	6.89	7	55
卡拉哈里盆地	0	0	40.61	23.95	55	23.90	4	53
盐池盆地	5.22	0	8.05	9.97	56	0	1	58
喀土穆盆地	0	0.04	11.33	6.72	57	6.71	2	56
上埃及盆地	4.69	0	0.06	4.72	58	3.93	2	57
总计	215827.75	20222.71	308698.60	418086.71		243036.92	4467	

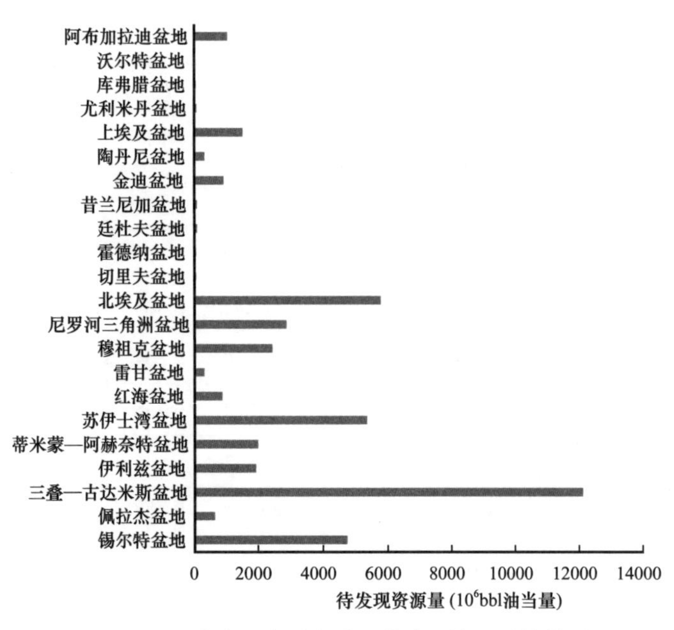

图 4-4　北非主要含油气盆地待发现资源量柱状图

北非油气区划分为 22 个含油气盆地（表 4-2），进一步划分为 59 个成藏组合。

表 4-2　北非地区待发现资源量简表

序号	盆地名称	盆地编号	面积（km^2）	成藏组合个数	成藏组合	待发现资源量				待发现资源量丰度（10^3bbl 油当量 /km^2）
						原油（10^6bbl）	凝析油（10^6bbl）	天然气（10^9ft^3）	油气合计（10^6bbl 油当量）	
1	锡尔特盆地	1016	596615	6	前寒武系	940	0	1142.8	1131	15
					奥陶系	236	25	5043.4	1101	2
					志留系	18	0	226.6	56	0
					三叠系	342	0	1279.4	555	1
					白垩系	256	55	3336.6	867	5
					古近系	542	1	2947.2	1033	4
					小计	2334	81	13976.0	4743	8
2	佩拉杰盆地	1005	268170	4	三叠系	7	0	111.8	26	0
					侏罗系	1	10	94.7	27	1
					白垩系	100	57	1379.7	387	3
					古近系	98	23	394.0	186	1
					小计	206	90	1980.2	626	2

续表

序号	盆地名称	盆地编号	面积（km^2）	成藏组合个数	成藏组合	待发现资源量				待发现资源量丰度（10^3bbl油当量/km^2）
						原油（10^6bbl）	凝析油（10^6bbl）	天然气（10^9ft^3）	油气合计（10^6bbl油当量）	
3	三叠—古达米斯盆地	1014	641226	6	三叠系	2803	398	346.4	3259	15
					石炭系	7	1	5.4	9	1
					泥盆系	992	498	188.2	1521	36
					志留系	421	884	226.8	1342	8
					奥陶系	330	529	189.9	891	31
					寒武系	946	3641	2975.5	5083	36
					小计	5499	5951	3932.2	12105	19
4	伊利兹盆地	1015	147073	4	寒武系	1	0	150.8	27	2
					奥陶系	18	25	2385.2	441	30
					志留系	21	18	901.3	189	1
					泥盆系	85	104	6447.2	1263	86
					小计	125	147	9884.5	1920	13
5	蒂米蒙—阿赫奈特盆地	1013	282178	4	寒武系	0	0	591.0	99	4
					奥陶系	114	20	6202.7	1168	41
					志留系	6	1	1329.3	229	0
					泥盆系	0	2	2926.1	490	2
					小计	120	23	11049.1	1986	7
6	苏伊士湾盆地	1019	25909	7	寒武系	463.3	0.5	150.8	490	0
					奥陶系	43.5	0	1.9	44	0
					泥盆系	2546.0	1.0	922.5	2706	0.1
					石炭系	561.2	0.1	110.5	580	0
					白垩系	408.5	3.4	312.7	466	0
					古近系	118.1	0	16.6	121	0
					新近系	912.8	0.6	148.1	939	0
					小计	5053.4	5.6	1663.1	5346	0.2
7	红海盆地	1030	494551	1	新近系	0	0	5250	877	36.2
					小计	0	0	5250	877	206.0

续表

序号	盆地名称	盆地编号	面积（km^2）	成藏组合个数	成藏组合	待发现资源量				待发现资源量丰度（10^3bbl 油当量 /km^2）
						原油（10^6bbl）	凝析油（10^6bbl）	天然气（10^9ft^3）	油气合计（10^6bbl 油当量）	
8	雷甘盆地	1012	110781	3	寒武系	0	0	53.8	9	0.8
					奥陶系	0	0	1318.3	220	4.0
					志留系	8	0	354.3	67	0.6
					小计	8	0	1726.4	296	2.7
9	穆祖克盆地	1024	408147	3	寒武系	626	0	52.1	635	3.1
					奥陶系	1318	0	600.3	1418	6.9
					泥盆系	342	20	40.6	369	1.8
					小计	2286	20	693.0	2422	5.9
10	尼罗河三角洲盆地	1020	113348	3	侏罗系	14	0	0.7	14	0.3
					古近系	0	58	1698.7	341	3.0
					新近系	0	171	13965.3	2499	22.0
					小计	14	229	15664.7	2854	25.2
11	北埃及盆地	1018	51380	6	寒武系	50	28	570.9	173	3.4
					奥陶系	140	78	1598.6	484	9.4
					石炭系	184	101	2093.5	634	12.3
					侏罗系	395	218	4491.4	1361	26.5
					白垩系	552	304	6280.4	1903	37.0
					古近系	351	194	3996.6	1211	23.6
					小计	1672	923	19031.4	5766	112.2
12	切里夫盆地	1002	8064	1	白垩系砂岩	1	0	0	1	0.15
					小计	1	0	0	1	0.15
13	霍德纳盆地	1004	11431	1	白垩系砂岩	1	0	0	1	0.11
					小计	1	0	0	1	0.11
14	廷杜夫盆地	1011	222954	1	古生界砂岩	0	0	186.0	31	0.14
					小计	0	0	186.0	31	0.14

续表

序号	盆地名称	盆地编号	面积（km^2）	成藏组合个数	成藏组合	待发现资源量				待发现资源量丰度（10^3bbl油当量/km^2）
						原油（10^6bbl）	凝析油（10^6bbl）	天然气（10^9ft^3）	油气合计（10^6bbl油当量）	
15	昔兰尼加盆地	1017	63492	1	古生界砂岩	0	0	189.0	32	0.50
					小计	0	0	189.0	32	0.50
16	金迪盆地	1021	11218	1	白垩系	437	2	2868.5	438	0.04
					小计	437	2	2868.5	438	0.04
17	陶丹尼盆地	1022	1900000	1	古生界砂岩	2	6	1856.0	316	0.2
					小计	2	6	1856.0	316	0.2
18	上埃及盆地	1027	782372	2	白垩系砂岩	437	2	2868.5	916	81.7
					古生界砂岩	579	1	189.0	611	0.8
					小计	1016	3	3057.5	1527	
19	尤利米丹盆地	1023	634641	1	白垩系砂岩	0	1	120.0	21	0
					小计	0	1	120.0	21	0
20	库弗腊盆地	1026	778173	1	古生界砂岩	0	0	0	0	0
					小计	0	0	0	0	0
21	沃尔特盆地	1032	127434	1	古生界砂岩	0	0	0	0	0
					小计	0	0	0	0	0
22	阿布加拉迪盆地	1019	23593	1	白垩系砂岩	657	86	1855.0	1052	44.6
					小计	657	86	1855.0	1052	44.6

北非地区勘探程度差异大。其中，三叠—古达米斯盆地、锡尔特盆地、尼罗河三角洲盆地、伊利兹盆地勘探程度相对较高。含油气盆地潜力较大的主要有三叠—古达米斯盆地、北埃及盆地、苏伊士湾盆地、锡尔特盆地、尼罗河三角洲盆地、穆祖克盆地、蒂米蒙—阿赫奈特盆地、伊利兹盆地和埃及盆地。勘探潜力有限的盆地主要为廷杜夫盆地、陶丹尼盆地、尤利米丹盆地、沃尔特盆地和库弗腊盆地，这些盆地均为在西非克拉通结晶基底基础之上沉积的古生代坳陷盆地。

第二节　勘探潜力与方向

1996 年后，三叠—古达米斯盆地、锡尔特盆地新发现储量分别为 40.9×10^8bbl 油当量和 13.9×10^8bbl 油当量。

非洲地区的勘探发现中，三叠—古达米斯盆地、锡尔特盆地以原油为主，蒂米蒙—阿赫纳特盆地、尼罗河三角洲盆地以天然气为主。

北非地区是非洲主要产油气区和储量增长地区。主要包括北非克拉通边缘盆地、大陆边缘裂谷盆地和三角洲盆地。北非地区油气资源丰富，有 2 个盆地（三叠—古达米斯盆地和锡尔特盆地）累计探明储量超过 500×10^8bbl 油当量，而且不断有新发现（图 4-5）。

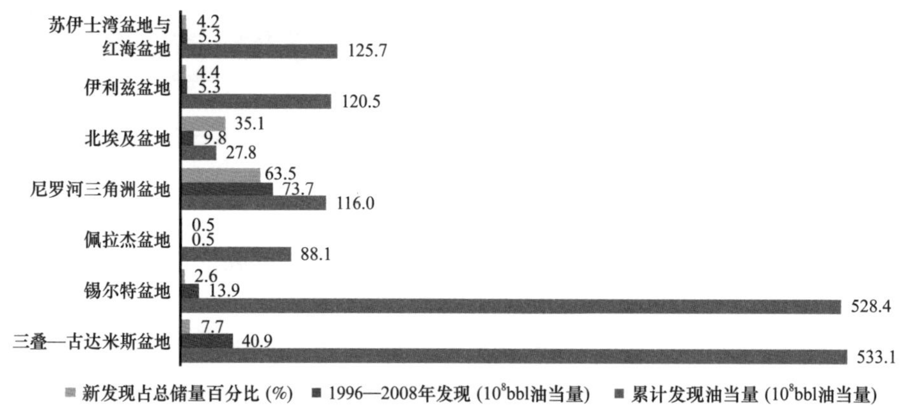

图 4-5　北非地区主要含油气盆地储量对比图

相对高勘探程度盆地如三叠—古达米斯盆地（储量 423×10^8bbl 油当量）、锡尔特盆地（储量 552×10^8bbl 油当量）、伊利兹盆地（储量 122×10^8bbl 油当量）、苏伊士湾盆地（储量 111×10^8bbl 油当量），可供钻探的构造圈闭有限且规模较小。其未来的勘探方向将以地层和岩性成藏组合为主。

古生代克拉通边缘盆地群中，除三叠—古达米斯盆地和伊利兹盆地的勘探程度较高外，其他古生代盆地，如穆祖克盆地、蒂米蒙—阿赫奈特盆地、雷甘盆地等仍具有较大的勘探潜力。其中，穆祖克盆地以石油为主，其他北非西部的克拉通边缘盆地以天然气为主。

尼罗河三角洲盆地近年的新发现储量较多（73.7×10^8bbl 油当量），占总储量的 63.5%，可见近年（1996—2015 年）的勘探成果显著，以天然气为主，仍是未来北非地区的勘探方向和领域之一，目标主要是深水区大型复合浊积砂体成藏组合。

北非地区勘探程度较低的盆地（穆祖克盆地、雷甘盆地、蒂米蒙—阿赫奈特盆地和北埃及盆地等），其可供钻探的构造及地层圈闭同等重要，关键是研究钻探目标与油气生排烃的匹配关系。

佩拉杰盆地钻探目标为向上寻找中新统含油气系统。红海陆间裂谷为已证实盐内和盐下含油气系统，盆地面积大，勘探程度低，钻探目标是寻找盐下断块成藏组合和盐上成藏组合（盐构造及地层圈闭）。

总体而言，北非地区勘探程度差异大，分布不均衡，勘探潜力仍然较大。

参考文献

陈旭，Stig M Bergstrem. 2008. 奥陶系研究百余年：从英国标准到国际标准［J］. 地层学杂志，32（1）：1-12.

陈忠民，潘校华，黄先雄，等. 2007. 北非库弗腊盆地油气成藏条件及地质风险初探［J］. 石油勘探与开发，34（2）：5.

陈忠民，万仑坤，毛凤军，等. 2014. 北非石油地质特征与勘探方向［J］. 地学前缘，21（3）：63-71.

江文荣，李允，蔡东升. 2006. 非洲油气勘探区战略选区建议［J］. 石油勘探与开发，33（3）：388-392.

李大荣，黎发文，唐红. 2006. 阿尔及利亚三叠盆地、韦德迈阿次盆地石油地质特征及油气勘探中应注意的问题［J］. 海相油气地质，11（3）：19-26.

裴振洪. 2004. 非洲油气地质特征及勘探前景［J］. 天然气工业，24（1）：29-33.

童晓光，等. 2003. 21世纪初中国跨国油气勘探开发战略研究［M］. 北京：石油工业出版社.

童晓光，关增淼. 2002. 世界石油勘探开发图集：非洲地区分册［M］. 北京：石油工业出版社.

中国石油天然气勘探开发公司中国石油勘探开发研究院. 2002. 非洲重点含油气盆地石油地质综合研究与有利区带评价之二：古达米斯盆地［R］. 科研报告.

中国石油天然气勘探开发公司中国石油勘探开发研究院. 2002. 非洲重点含油气盆地石油地质综合研究与有利区带评价之三：西沙漠区阿布加拉迪克盆地［R］. 科研报告.

中国石油天然气勘探开发公司中国石油勘探开发研究院. 2002. 非洲重点含油气盆地石油地质综合研究与有利区带评价之一：木祖克盆地［R］. 科研报告.

中国石油天然气勘探开发研究公司研究中心. 2004. 加快进入非洲的油气勘探战略［R］. 科研报告.

Abdelghany O. 2002. Lower Miocene stratigraphy of the Gebel Shabrawet area，north Eastern desert Egypt［J］. Journal of African Earth Sciences，34：203-212.

Abdelsalam M G，Liegeois J P，Stern R J. 2002. The Saharan Metacraton［J］. Journal of African Earth Sciences，34：119-136.

Acheche M H，M'Rabet A，Ghariani H，et al. 2001. Ghadames basin，southern Tunisia：A reappraisal of Triassic reservoirs and future prospectivity［J］. AAPG Bulletin，85（5）：765-780.

Al sharhan A S. 2003. Petroleum geology and potential hydrocarbon plays in the Gulf of Suez rift basin，Egypt［J］. AAPG Bulletin，87（1）：143-180.

Alem N，Assassi S，Benhebouche S，et al. 1998. Controls on hydrocarbon occurrence and productivity in the F6 reservoir，Tin Fouye-Tabankort area，NW Illizi Basin［J］. Petroleum geology of North Africa，132：175-186.

Anderson J. 1996. The Neogene structural evolution of the western margin of the Pelagian Platform，central Tunisia［J］. Journal of Structural Geology，18（6）：819-833.

Andersson U B，Ghebreab W，Teklay M. 2006. Crustal evolution and metamorphism in east- central Eritrea，south-east Arabian-Nubian Shield［J］. Journal of African Earth Sciences，44：45-65.

Angelier J. 1985. Extension and rifting：The Zeit region，Gulf of Suez［J］. Journal of Structural Geology，7（5）：605-612.

Arboleya M L，Teixell A，Charroud M，et al. 2004. A structural transect through the High and Middle Atlas of Morocco［J］. Journal of African Earth Sciences，39：319-327.

Balducchi A，Pommier G. 1976. Cambrian oil field of Hassi Messaoud，Algeria［J］. AAPG Memoir，14：477-488.

Bedir M，Boukadi N，Tlig S，et al. 2001. Subsurface Mesozoic basins in the central Atlas of Tunisia：Tectonics，sequence deposit distribution，and hydrocarbon potential［J］. AAPG Bulletin，85（5）：885-907.

Benamrane O，Messaoudi M，Messelles H. 1993. Geology and hydrocarbon potential of the Oued Mya Basin

[J] . AAPG Bulletin, 77 (9): 1607.

Bennacef A, Beuf S, Biju Duval B, et al. 1976. Example of cratonic sedimentation: Lower Paleozoic of Algerian Sahara [J] . AAPG Bulletin and Memoirs 14 & 16, Oklahoma, USA.

Beyene A, Abdelsalam M G. 2005. Tectonics of the Afar Depression: A review and synthesis [J] . Journal of African Earth Sciences, 41: 41–59.

Boote D R D, Clark Lowes D D, Traut M W. 1998. Paleozoic petroleum systems of North Africa [J] . Petroleum geology of North Africa, 7–68.

Bouabdallah H, Hameg A. 2003. Hydrocarbon Potential of Petroleum System, Oued Mya Basin, Algeria [J] . AAPG hedberg conference, Paleozoic and Triassic Petroleum Systems in North Africa, 24 (7): 18–20.

Bouatmani R, Medina F, Salem A A, et al. 2003. Thin-skin tectonics in the Essaouira basin (western High Atlas, Morocco): Evidence from seismic interpretation and modeling [J] . Journal of African Earth Sciences, 37: 25–34.

Brew G, Barazangi M, et al. 2000. Tectonic map and geologic evolution of Syria: The role of GIS [J] . The leading edge, 19 (2): 176–182.

Bumby A J, Guiraud R. 2005. The geodynamic setting of the Phanerozoic basins of Africa [J] . Journal of African Earth Sciences, 43: 1–12.

Burgoyne P M, van Wyk A E, Anderson J M, et al. 2005. Phanerozoic evolution of plants on the African plate [J] . Journal of African Earth Sciences, 43: 13 52.

Burke K, MacGregor D S, Cameron N R. 2003. Africa's petroleum systems: four tectonic "Aces" in the past 600 million years [J] . The Geological Society, London, Special Publications, 207: 21–60.

Carminati E, Wortel M J R, Meijer, et al. 1998. The two stage opening of the western-central Mediterranean basins: A forward modeling test to a new evolutionary model [J] . Earth and Planetary Science Letters, 160: 667–679.

Carminati E, Wortel M J R, Spakman W, et al. 1998. The role of slab detachment processes in the opening of the western-central Mediterranean basins: Some geological and geophysical evidence [J] . Earth and Planetary Science Letters, 160: 651–665.

Cecca F, Garin B M, Marchand D, et al. 2005. Paleoclimatic control of biogeographic and sedimentary events in Tethyan and peri-Tethyan areas during the Oxfordian (Late Jurassic) [J] . Palaeogeography, Palaeoclimatology, Palaeoecology, 222 (2): 10–32.

Chaouchi R, Malla M S, Kechou F. 1998. Sedimentological evolution of the Givetian-Eifelian (F3) sand bar of the West Alrar field, Illizi Basin, Algeria [J] . Petroleum geology of North Africa, 132: 187–200.

Christian L. 1997. Burial history and kinetic modeling for hydrocarbon generation, Part Ⅱ: Applying the galo model to Saharan Basins [J] . AAPG Bulletin, 81: 1679–1699.

Courel L, Salem H A, Benaouis N, et al. 2003. Mid-Triassic to Early Liassic clastic/evaporitic deposits over the Maghreb Platform [J] . Palaeogeography, Palaeoclimatology, Palaeoecology, 196: 157–176.

Coward M P, Ries A C. 2003. Tectonic development of North African basins [J] . Petroleum Geology of Africa: New Themes and Developing Technologies, 207: 61–84.

Craig J, Rizzi C, Said F, et al. 2006. Structural Styles and Prospectivity in the Precambrian and Palaeozoic Hydrocarbon Systems of North Africa [J] . AAPG Bulletin, 83.

Crossley R, McDougall N. 1998. Lower Palaeozoic reservoirs of North Africa [J] . Petroleum geology of North Africa, 132: 157–166.

Davison I. 2005. Central Atlantic margin basins of North West Africa: Geology and hydrocarbon potential (Morocco to Guinea) [J] . Journal of African Earth Sciences, 43: 254–274.

Deynoux M, Affaton P, Trompette R, et al. 2006. Pan-African tectonic evolution and glacial events registered in Neoproterozoic to Cambrian cratonic and foreland basins of West Africa [J] . Journal of African Earth Sciences, 46: 397–426.

Djarnia M R, Fekirine B. 1998. Sedimentological and diagenetic controls on Cambro–Ordovician reservoir quality in the southern Hassi Messaoud area (Saharan Platform, Algeria) [J] . Petroleum geology of North Africa, 132: 167–176.

Dorre A S, Carrara E, Cella, et al. 1997. Crustal thickness of Egypt determined by gravity data [J] . Journal of African Earth Sciences, 25 (3): 425–434.

Drummond J M, Kasmi R, Sakani A, et al. 2003. Optimizing 3D seismic technologies to accelerate field development in the Berkine Basin, Algeria [J] . Petroleum Geology of Africa: New Themes and Developing Technologies, 207: 257–276.

Drummond J, Ryan J, Kasm R. 2001. Adapting to noisy 3D data: Enhancing Algerian giant field development through strategic planning of 3D seismic in Berkine Basin [J] . The leading edge, 718–728.

Durand J F. 2005. Major African contributions to Palaeozoic and Mesozoic vertebrate palaeontology [J] . Journal of African Earth Sciences, 43 (5): 53–82.

Echikh K. 1998. Geology and hydrocarbon occurrences in the Ghadames Basin, Algeria, Tunisia, Libya [J] . Petroleum geology of North Africa, 132: 109–130.

El ghali M A K, Tajori K G, Mansurbeg H, et al. 2006. Origin and timing of siderite cementation in Upper Ordovician glaciogenic sandstones from the Murzuq basin, SW Libya [J] . Marine and Petroleum Geology, 23: 459–471.

El H Bouougri , Ali Saquaque. 2004. Lithostratigraphic framework and correlation of the Neoproterozoic northern West African Craton passive margin sequence (Siroua–Zenaga–Bouazzer Elgraara Inliers, Central Anti–Atlas, Morocco): An integrated approach [J] . Journal of African Earth Sciences, 39: 227–238.

El H El Arabi, Ferrandini J, Essamoud R. 2003. Triassic stratigraphy and structural evolution of a rift basin: High atlas of Marrakech basin, Morocco [J] . Journal of African Earth Sciences, 36: 29–39.

Fekirine B, MacGregor H D S, Moody R T J, et al. 1998. Palaeozoic lithofacies correlatives and sequence stratigraphy of the Sahara Platform, Algeria [J] . Petroleum geology of North Africa, 132: 97–108.

Felesteen A W. 1998. Organic geochemical studies of some Early Cretaceous sediments, Abu Gharadig Basin, Western Desert, Egypt [J] . Journal of African Earth Sciences, 27 (1): 115–127.

Gabtni H, Jallouli C, Mickus K L, et al. 2006. The location and nature of the Telemzan High–Ghadames basin boundary in southern Tunisia based on gravity and magnetic anomalies [J] . Journal of African Earth Sciences, 44: 303–313

Ghienne J F. 2003. Late Ordovician sedimentary environments, glacial cycles, and post–glacial transgression in the Taoudeni Basin, West Africa [J] . Palaeogeography, Palaeoclimatology, Palaeoecology, 189: 117–145.

Gomez F, Barazangi M, Demnati A. 2000. Structure and Evolution of the Neogene Guercif Basin at the Junction of the Middle Atlas Mountains and the Rif Thrust Belt, Morocco [J] . AAPG Bulletin, 84 (9): 1340–1364.

Guiraud R, Bosworth W, Thierry J, et al. 2005. Phanerozoic geological evolution of Northern and Central Africa: An overview [J] . Journal of African Earth Sciences, 43: 83–143.

Hafid M. 2000. Triassic early Liassic extensional systems and their Tertiary inversion, Essaouira Basin (Morocco) [J] . Marine and Petroleum Geology, 17: 409–429.

Hallett D. 2002. Petroleum geology of Libya [M] . Holland, Amsterdan: Elsevier, 503.

Hemsted T. 2003. Second and third millennium reserves development in Africa basins [J] . Petroleum Geology of Africa: New Themes and Developing Technologies, 207: 9–20.

Herkat M, Guiraud R. 2006. The relationships between tectonics and sedimentation in the Late Cretaceous series of the eastern Atlasic Domain (Algeria) [J]. Journal of African Earth Sciences, 46: 346–370.

Hoepffner C, Soulaimani A, Pique A. 2005. The Moroccan Hercynides [J]. Journal of African Earth Sciences, 43: 144–165.

Houari M R, Hoepffner C. 2003. Late Carboniferous dextral wrench–dominated transpression along the North African craton margin (Eastern High Atlas, Morocco) [J]. Journal of African Earth Sciences, 37: 11–24.

Huneke H. 2006. Erosion and deposition from bottom currents during the Givetian and Frasnian: Response to intensified oceanic circulation between Gondwana and Laurussia [J]. Palaeogeography, Palaeoclimatology, Palaeoecology, 234: 146–167.

Hussein I M, Abd–Allah A M A. 2001. Tectonic evolution of the northeastern part of the African continental margin, Egypt [J]. African Earth Sciences, 33 (1): 49–68.

Jackson S, Moore S R, Quarles A I, et al. 1996. Post–Paleozoic deformation in the Triassic Basin [C]. North Africa Annual Meeting, AAPG and SEPM, 570.

Jalloulp C, Mickus K. 2000. Regional gravity analysis of the crustal structure of Tunisia [J]. Journal of African Earth Sciences, 30 (1): 63–78.

Jarvis I, Mabrouk A, Moody R T J, et al. 2002. Late Cretaceous (Campanian) carbon isotope events, sea–level change and correlation of the Tethyan and Boreal realms [J]. Palaeogeography, Palaeoclimatology, Palaeoecology, 188: 215–248.

Kassab AS, Zakher M S, Obaidalla N A. 2004. Integrated biostratigraphy of the Campanian–Maastrichtian transition in the Nile Valley, Southern Egypt [J]. Journal of African Earth Sciences, 39: 429–434.

Kent P E. 1976. The geological framework of petroleum exploration in Europe and North Africa and implications of continental drift hypotheses [J]. In: Kent (ed.), Europe and North Africa petroleum exploration. AAPG Review, 21: 3–17

Kerdjidj M K, Mahmoudia M, Benamara M. 2002. High resolution stratigraphy genetic sequences and modeling of the fluvial triassic formation in the Oued Mya Basin (Central Sahara, Algeria) by using: XR diffractometer of the clay fraction and the geostatistic method [J]. AAPG Annual Meeting, 10–13.

Korrat I M, El Agami N L, Hussein H M, et al. 2005. Seismotectonics of the passive continental margin of Egypt [J]. Journal of African Earth Sciences, 41: 145–150.

Laville E, Pique A, Amrhar M, et al. 2004. A restatement of the Mesozoic Atlasic Rifting (Morocco) [J]. Journal of African Earth Sciences, 38: 145–153.

Le Herona D P, Craig J, Sutcliffe O E, et al. 2006. Late Ordovician glaciogenic reservoir heterogeneity: An example from the Murzuq Basin, Libya [J]. Marine and Petroleum Geology, 23: 655–677.

Lesquer, Villeneuve J C, Bronner G. 1991. Heat flow data from the western margin of the West African craton (Mauritania) [J]. Physics of The Earth and Planetary Interiors, 66 (3–4): 320–329.

Logan P, Duddy I. 1998. An investigation of the thermal history of the Ahnet and Reggane Basins, Central Algeria, and the consequences for hydrocarbon generation and accumulation [J]. Petroleum geology of North Africa, 132: 131–156.

Lowner R, Souhel A, Chafiki D, et al. 2002. Structural and sedimentologic relations between the High and the Middle Atlas of Morocco during the Jurassic time [J]. Journal of African Earth Sciences, 34: 287–290.

Luning S, Adamson K, Craig J. 2003. Frasnian organic–rich shales in North Africa: Regional distribution and depositional model [J]. Petroleum Geology of Africa: New Themes and Developing Technologies, 207: 165—184.

Luning S, Craig J, Loydell D K, et al. 2000. Lower Silurian “hot shales” in North Africa and Arabia:

Regional distribution and depositional model [J] . Earth Science Reviews, 49: 121−200.

Luning S, Kai−Uwe Grafe, Bosence D, et al. 2000. Discovery of marine Late Cretaceous carbonates and evaporites in the Kufra Basin (Libya) redefines the southern limit of the Late Cretaceous transgression [J] . Cretaceous Research, 21: 721−731.

Luning S, Kolonica S, Belhadj E M, et al. 2004. Integrated depositional model for the Cenomanian −Turonian organic rich strata in North Africa [J] . Earth Science Reviews, 64: 51−117.

Luning S, Wendt J, Belka Z, et al. 2004. Temporal spatial reconstruction of the early Frasnian (Late Devonian) anoxia in NW Africa: New field data from the Ahnet Basin (Algeria) [J] . Sedimentary Geology, 163: 237−264

Macgregor D S. 1996. The hydrocarbon systems of North Africa [J] . Marine and Petroleum Geology, 13 (3): 329−340.

MacGregor D S. 1998. Giant fields, petroleum system and exploration maturity of Algeria [J] . Petroleum geology of North Africa, 132: 79−96.

Madi A, Savard M M, Bourque P. 2000. Hydrocarbon Potential of the Mississippian Carbonate Platform, Bechar Basin, Algerian Sahara [J] . AAPG Bulletin, 84 (2): 266−287.

Magloire P R. 1970. Triassic gas field of Hassi R′Mel, Algeria [J] . AAPG Memoir, 14: 489−501.

Makhous M. 2001. The formation of hydrocarbon deposits in the North Africa Basins, geological and geochemical conditions [M] . Berlin: Springer, 329.

Makhous M, Yu I Galushkin. 2003. Burial history and thermal evolution of the northern and eastern Saharan basins [J] . AAPG Bulletin, 87 (10): 1623−1651.

Makhous M, Yu I Galushkin. 2003. Burial history and thermal evolution of the southern and western Saharan basins: Synthesis and comparison with the eastern and northern Saharan basins [J] . AAPG Bulletin, 87 (11): 1799−1822.

Marmi R, Guiraud R. 2006. End Cretaceous to recent polyphased compressive tectonics along the "Mole Constantinois" and foreland (NE Algeria) [J] . Journal of African Earth Sciences, 45: 123−136.

Megateli A, Said A, Sarber D G. 1976. Exploration in Algeria: past, present, and future [J] . In: Kent (ed.), Europe and North Africa petroleum exploration. AAPG Review, 21: 271−278.

Meulenkamp J E, Sissingh W. 2003. Tertiary palaeogeography and tectonostratigraphic evolution of the Northern and Southern Peri−Tethys platforms and the intermediate domains of the African−Eurasian convergent plate boundary zone [J] . Palaeogeography, Palaeoclimatology, Palaeoecology, 196: 209−228.

Mitra S, Leslie W. 2003. Three dimensional structural model of the Rhourde el Baguel field, Algeria [J] . AAPG Bulletin, 87 (2): 231−250.

Muttoni G, Garzanti E, Alfonsi L. 2001. Motion of Africa and Adria since the Permian: Paleomagnetic and paleoclimatic constraints from northern Libya [J] . Earth and Planetary Science Letters: 192: 159−174.

Ouazar A, Bellahcene A. 2005. Subcrop mapping using seismic attribute extraction, Oued Mya Basin, Algeria [J] . Search and Discovery.

Ouzegane K, Liegeois J P, Kienast J R. 2003. The Precambrian of Hoggar, Tuareg shield: history and perspective [J] . Journal of African Earth Sciences: 37: 127−131.

Oyarzun R, Doblas M, López Ruiz J, et al. 1997. Opening of the central Atlantic and asymmetric mantle upwelling phenomena: Implications for long−lived magmatism in western North Africa and Europe [J] . Geology, 25 (8): 727−730.

Pena S A, Abdelsalam M G. 2006. Orbital remote sensing for geological mapping in southern Tunisia: Implication for oil and gas exploration [J] . Journal of African Earth Sciences, 44: 203−219.

Pivnik D A, Ramzy M, Steer B L, et al. 2003. Episodic growth of normal faults as recorded by syntectonic sediments, July oil field, Suez rift, Egypt [J] . AAPG Bulletin, 87 (6): 1015–1030.

Purdy E G, MacGregor D S. 2003. Map compilations and synthesis of Africa's petroleum basins and systems [J] . Petroleum Geology of Africa: New Themes and Developing Technologies, 207: 1–8.

Ramos E, Marzo M, de Gibert J M, et al. 2006. Stratigraphy and sedimentology of the Middle Ordovician Hawaz Formation (Murzuq Basin, Libya) [J] . AAPG Bulletin, 90 (9): 1309–1336.

Richard C Selley. 2015. Elements of Petroleum Geology [M] . Third edition. Holland, Amsterdan: Elsevier.

Rossi C, Kälin O, Arribas J. 2002. Diagenesis, provenance and reservoir quality of Triassic TAGI sandstones from Ourhoud field, Berkine (Ghadames) Basin, Algeria [J] . Marino and Petroleum Geology, 19 (2): 117–142.

Sadooni F N, Alsharhan A S. 2004. Stratigraphy, lithofacies distribution, and petroleum potential of the Triassic strata of the northern Arabian plate [J] . AAPG Bulletin, 88 (4): 515–538.

Selly R C. 1997. African Basins: The sedimentary basins of Northwest Africa: Structural evolution [M] . Holland, Amsterdan: Elsevier Press.

Shaaban F F, Ghoneim A E. 2001. Implication of seismic and borehole data for the structure, petrophysics and oil entrapment of Cretaceous–Palaeocene reservoirs, northern Sirt Basin, Libya [J] . Journal of African Earth Sciences, 33 (1): 103–133.

Shalaby A, Stuwe K, Fritz H, et al. 2006. The El Mayah molasse basin in the Eastern Desert of Egypt [J] . Journal of African Earth Sciences, 45: 1–15.

Turner P, Pilling D, Walker D, et al. 2001. Sequence stratigraphy and sedimentology of the late Triassic TAG–I (Blocks 401/402, Berkine Basin, Algeria) [J] . Marine and petroleum Geology, 18: 959–981.

Vail G B. 2003. Development of the palaeogeography of Pangaea from Late Carboniferous to Early Permian [J] . Palaeogeography, Palaeoclimatology, Palaeoecology, 196: 125–155.

Vidal N, Alvarez Marron J, Klaeschen D. 2000. Internal configuration of the Levantine Basin from seismic reflection data (eastern Mediterranean) [J] . Earth and Planetary Science Letters, 180: 77–89.

Villeneuve M. 2005. Paleozoic basins in West Africa and the Mauritanide thrust belt [J] . Journal of African Earth Sciences, 43: 166–195.

Waters C N, Schofield D I. 2004. Contrasting late Neoproterozoic to Ordovician successions of the Taoudeni Basin, Mauritania and Souss Basin, Morocco [J] . Journal of African Earth Sciences, 39: 301–309.

Whiteman A J. 1971. "Cambro–Ordovician" rocks of Al Jazair (Algeria): A review [J] . AAPG, 55 (8): 1295–1335.

Wynn R B, Masson D G, Stow D A V, et al. 2000. The Northwest African slope apron a modern analogue for deep water systems with complex seafloor topography [J] . Marine and Petroleum Geology, 17: 253–265.

Yahi N, Schaefer R G, Littke R. 2001. Petroleum generation and accumulation in the Berkine basin, eastern Algeria [J] . AAPG Bulletin, 85 (8): 1439–1467.

Younes A I, McClay K. 2002. Development of accommodation zones in the Gulf of Suez–Red Sea rift, Egypt [J] . AAPG Bulletin, 86 (6): 1003–1026.

Zakaria Hamimi, Ahmed El–Barkooky, Jesús Martínez Frías, et al. 2020. The Geology of Egypt [M] . Berlin: Springer.

Zuhlke R, Bouaoudab M S, Ouajhainb B, et al. 2004. Quantitative Meso–Cenozoic development of the eastern Central Atlantic continental shelf, western High Atlas, Morocco [J] . Marine and Petroleum Geology, 21: 225–276.